做 一个
刚刚好的 女子

若思
编著

德宏民族出版社

图书在版编目（CIP）数据

做一个刚刚好的女子 / 若思编著．－－ 芒市：德宏民族出版社，2020.6
ISBN 978-7-5558-0655-4

Ⅰ．①做… Ⅱ．①若… Ⅲ．①女性-修养-通俗读物 Ⅳ．① B825.5-49

中国版本图书馆 CIP 数据核字（2020）第 077226 号

书　　名	做一个刚刚好的女子		
作　　者	若　思　编著		
出版·发行	德宏民族出版社	责任编辑	思铭章
社　　址	云南省德宏州芒市勇罕街1号	责任校对	赵　湘
邮　　编	678400	封面设计	U+Na 工作室
总编室电话	0692-2124877	发行部电话	0692-2112886
汉文编室	0692-2111881	民文编室	0692-2113131
电子邮箱	dmpress@163.com	网　　址	www.dmpress.cn
印　刷　厂	永清县晔盛亚胶印有限公司		
开　　本	145mm×210mm　1/32	版　　次	2020年6月第1版
印　　张	7	印　　次	2020年6月第1次
字　　数	150千字	印　　数	1-10000册
书　　号	ISBN 978-7-5558-0655-4	定　　价	38.00元

如出现印刷、装订错误，请与承印厂联系调换事宜．印刷厂联系电话：13683640646

前　　言

　　世间万物，一吸一呼，有张有弛。人生亦应有度，过则为灾，太用力的人生，有时候是一场灾难。

　　感情太用力，用情太深，会迷失自我。关于爱的恰到好处，曾经有过这样一段话：人世间的爱是多么美好，又是多么脆弱，就像握在手中的玻璃杯，太放松会掉下去，太用力又会捏碎，只有刚刚好的力度才能使爱的玻璃杯长久而坚固，在阳光的照射下熠熠生辉，在岁月的沉淀中愈发厚重和深刻。

　　爱情、友情如此，凡事都如此，刚刚好即可。

　　做女人，就要做一个刚刚好的女子，不去羡慕别人的生活，也不将就自己的人生，你的一切，都是刚刚好。

　　你羡慕模特有一级棒的身材，穿上什么都赏心悦目，却没有看到她们几乎和所有美食都绝缘了，常常饿得头晕眼花；

你羡慕那些明星光华璀璨的人生，生活是何等的精致，却没有看到她们日夜颠倒的艰辛，更看不到那个行业里的暗流汹涌；

你羡慕有的女人过得随心所欲、潇洒富足，却看不到她们为了这一天，已经努力了太久太久；

老公，不用为你赴汤蹈火，愿意以一颗真心待你，这样刚刚好，太过热烈的感情，降温后容易冰到人；

钱财，不用太多，够吃够穿够花，这样刚刚好，德不配位，反招祸害；

生活，不用十全十美，九全九美，这样刚刚好，十全十美的生活，只会出现在小说里。

做一个刚刚好的女子，太过，必然辛苦；不够，容易失落。

做一个刚刚好的女子，平凡却不平庸，也能在这世上成为一道风景线。

什么样的女子才是刚刚好的？这本书会告诉你答案。本书从细处着手，从容颜气质到着装魅力，从仪态举止到品位格调，从学识内涵到平和心态，从培养性情到平凡生活……为你提供让女人内外兼修的魅力秘籍，成为一个刚刚好的女子，开启自己更好更快乐的人生之旅。

目　录

第一章 刚刚好的女子，不攀附不将就

1. 心态决定女人的命运 …………………………… 003
2. 享受这一刻的幸福 ……………………………… 006
3. 崇拜并不等于爱 ………………………………… 009
4. 在旅行中充实你的心灵 ………………………… 012
5. 大胆把"不"说出口 …………………………… 015
6. 不要一味地迁就你的丈夫 ……………………… 018
7. 宠爱自己就给自己买东西 ……………………… 021
8. 自己对自己好一点 ……………………………… 024

第二章 刚刚好的女子,不迷茫不低头

1. 战胜自己的女人才能走向成功·························029
2. 心动决定女人行动的方向·····························032
3. 有目标的女人才能成功·······························035
4. 有梦想,更要有勇气·································039
5. 女人不要忘记给自己充电·····························045
6. 漂亮的女人成功有"捷径"···························048
7. 个性是女人的名片···································052
8. 坚韧的女人最美·····································056

第三章 刚刚好的女子,不虚荣不浮躁

1. 嫉妒是幸福的绊脚石·································063
2. 做一个无压的轻松女人·······························066
3. 快乐的女人自带光芒·································070
4. 永远保持一份好心情·································073
5. 欲望越小的女人越幸福·······························075
6. 攀比会拉大女人与幸福的距离·························080

7. 战胜虚荣，快乐自己·················083

8. 保持一份平和的心态················085

第四章 刚刚好的女子，不自卑不自大

1. 有了自信，就多了一份美丽···········091

2. 面对沮丧你要说"不"···············095

3. 固执和骄傲，不会给女人带来好运······097

4. 自负是一种不良心理················100

5. 知性女人魅力无限··················103

6. 单个人的力量是有限的··············106

7. 走出自卑的阴影····················109

8. 自信：难以抵挡的女人味············113

第五章 刚刚好的女子，不偏执不沉迷

1. 报复心理会让女人更受伤············119

2. 女人，怀旧不要恋旧················122

3. 不要为错失的爱情伤心··············126

4. 该放弃的一定要放弃················129

5. 热情大方地与异性交往 ······ 132

6. 快乐是属于你自己的 ······ 135

7. 女人不要苛求完美 ······ 138

8. 懂得放弃的女人更有内涵 ······ 141

第六章 刚刚好的女子，不任性不撒野

1. 撒娇而不要撒野 ······ 151

2. 遇事要尽量想开些 ······ 156

3. 失恋不能失态 ······ 159

4. 女人要学会控制自己的怒气 ······ 161

5. 理解和宽容才能营造甜蜜爱情 ······ 165

6. 做个善解人意的女人 ······ 168

7. 女人要控制好自己的情绪 ······ 171

8. 闭上你挑剔的嘴巴 ······ 174

9. 淑女，是女人味的自然流露 ······ 179

第七章 刚刚好的女子,不依赖不纠缠

1. 独立的女人幸福多 ····· 185
2. 女人要学会享受生活 ····· 189
3. 有兴趣爱好的女人更有魅力 ····· 192
4. 独立的女人不可以没有朋友 ····· 195
5. 拥有一份自己的经济来源 ····· 198
6. 做男人忠诚的"信徒" ····· 201
7. 事业是女人独立的基石 ····· 204
8. "拴"住男人是一门艺术 ····· 208
9. 让爱在有氧的空气里呼吸 ····· 212

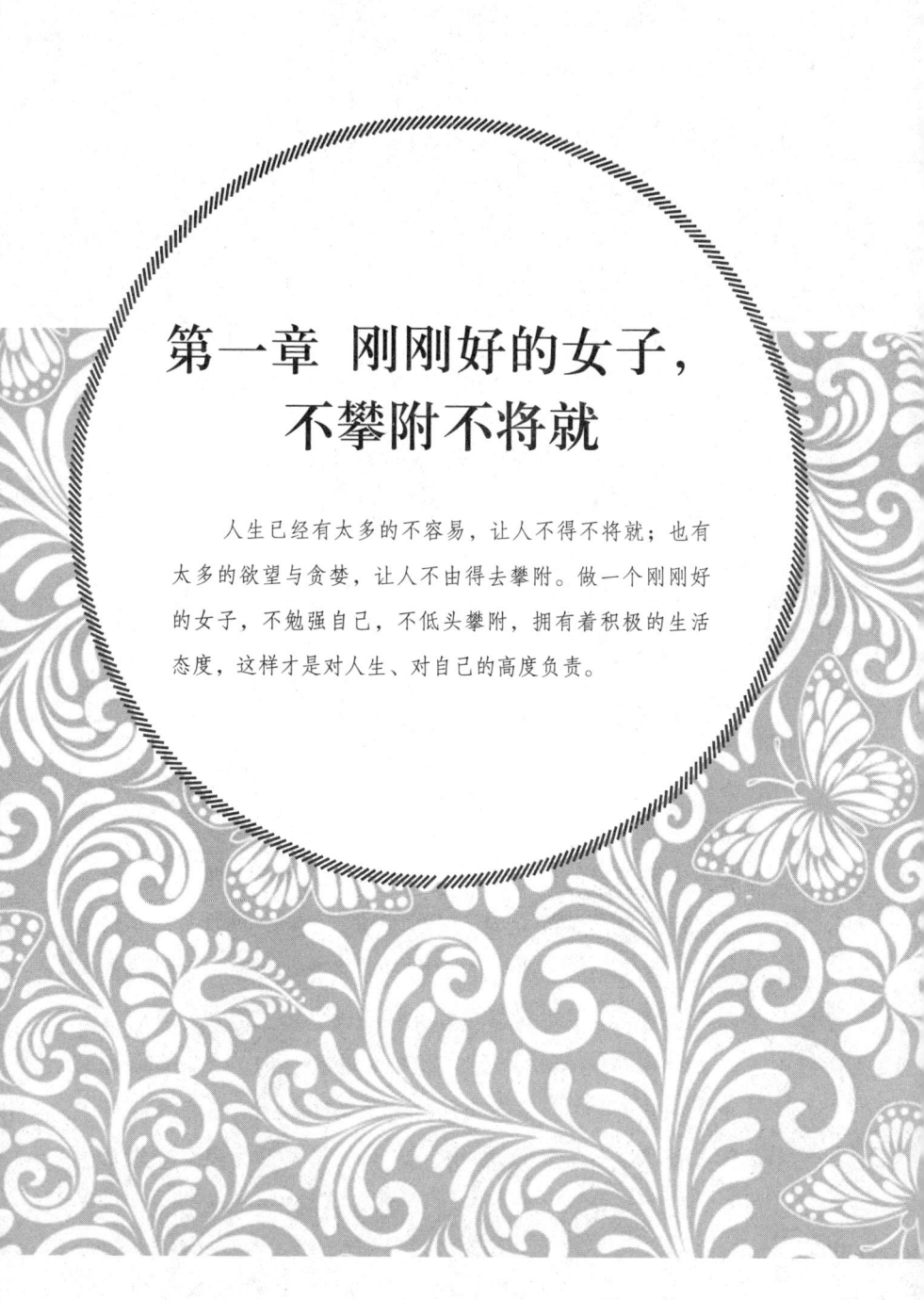

第一章 刚刚好的女子，不攀附不将就

人生已经有太多的不容易，让人不得不将就；也有太多的欲望与贪婪，让人不由得去攀附。做一个刚刚好的女子，不勉强自己，不低头攀附，拥有着积极的生活态度，这样才是对人生、对自己的高度负责。

1. 心态决定女人的命运

播下一种心态，收获一种思想；播下一种思想，收获一种行为；播下一种行为，收获一种习惯；播下一种习惯，收获一种性格；播下一种性格，收获一种命运。

我们必须面对这样一个事实：在这个世界上，成功卓越的女人少，失败平庸的女人多。成功卓越的女人活得充实、自在、潇洒，失败平庸的女人则过得空虚、艰难、忧郁。

积极的心态创造人生，消极的心态消耗人生。积极的心态是成功的起点，是生命的阳光和雨露，滋润着女人的生活；消极的心态是失败的源泉，是生命的慢性杀手，使人在不知不觉中丧失动力。所以，女人选择了积极的心态，就等于选择了成功的希望；选择消极的心态，就注定要走入失败的沼泽。女人要想成功，想把美梦变成现实，就必须懂得"心态决定命运"这一条人生哲理。

有一个女人看起来总是很高兴，无论在什么时候，她都面带着笑容，一脸幸福和灿烂。有人问她，有什么事情能够让你总这么愉快，她说："因为有积极的心态才有乐观的人生。"

还有一个女人,她看起来总是很消沉,每天去上班的时候,她总是对自己说:"今天看来又将是郁闷的一天。"虽然她的本意并非如此,但她的口中尽管这么念着,实际上心中还是期待着会有好运来临。然而,一切都糟透了。其实,有这样的结果完全是正常的,因为心中若预存不幸的想法,事情都将变成不利的情况。因此,在一天的开始就心存美好的期盼,是件非常重要的事情。

要知道,在方向正确的前提下,成功者与不成功者的区别,往往在于心态的不同。人们往往把失败归罪于客观环境、能力、机遇等等。其实,有一种比这些说法要贴切得多的理由,那就是心态的不同导致了命运的相异。

还有这样一个哲理深刻的寓言故事:

农夫在地里种下了两粒树种,很快它们变成了两棵同样大小的树苗。第一棵树一开始就决心长成一棵参天大树,所以它拼命地从地下吸收养料,储备起来,滋润每一条枝干。盘算着怎样向上生长,完善自身。由于这一原因,在最初的几年,它并没有结果实,这让农夫很恼火。第二棵树恰恰相反,它拼命地从地下吸取养料,打算早点开花结果,它也做到了这一点。这使农夫很欣赏它,并对这棵树呵护有加。

时光飞转,那棵久不开花的大树由于身强体壮,养分充足,终于结出了又大又甜的果实。而那棵过早开花的树,却由于还未成熟时,便承担起了开花结果的重担,所以结出的果实也不大好吃，还让果实压弯了单薄的身躯。

农夫诧异地叹了口气，终于用斧头将第二棵树砍倒，而它也从此变作一堆柴火。

在这个寓言故事里，浮躁的心态和扎实的心态决定了两棵树不同的命运。在我们的生活中，又有多少个女人在重复着这两棵树的故事呢？聪明女人爱学习，积累自己丰厚的底蕴，笨女人只在意外表的光鲜，忽视了对自身素质的培养，其不同的命运与这两棵树是何其相似！

心态决定命运。女人的命运在自己手里，因为女人掌握着自己的心态。当然，你会有什么样的命运，首先取决于你的心态。

聪明的女人不但会让自己看起来很美，还会培养自己良好的心态，主宰自己的人生。当女人有了良好的心态，就能享受生活赋予的幸福，能够承受生活的种种压力，有勇气挑战各种困难和挫折。

美国潜能成功学家罗宾说："面对人生逆境或困境时所持的心态，远比任何事都来得重要。"这是因为，积极的心态和消极的心态直接影响人生的成败。

积极的心态有助于女人克服困难，使她看到希望，保持进取的旺盛斗志。消极的心态使女人沮丧、失望，对生活和人生充满了抱怨，自我封闭，限制和扼杀自己的潜能。

生活中，失败平庸的女人多数主要是心态有问题。遇到困难，她们只是挑选容易的倒退之路。"我不行了，我还是退缩吧！"结果陷入失败的深渊。成功的女人遇到困难，仍然是积

极的心态,用"我能!""一定有办法"等积极的信念鼓励自己,于是便能想尽办法,不断前进,直至成功。

无论一个女人多么有能力,如果缺乏好的心态,就什么事都做不成。良好心态的能量是巨大的,也是动力产生的源泉。有了它,女人就能把握住自己的命运,实现人生的理想,在人生的道路上勇往直前。

2. 享受这一刻的幸福

假如在今天,你只能取得1%的幸福,你不必奢望从明日获得99%的幸福。因为学会善待今天,善待眼前才会得到更多的幸福。

方小可有一个相恋了四年的男友,他们一直在准备着结婚。第一年,方小可说,等你在这个城市中站稳了脚再成家立业才对,对方点头称是。第二年,对方工作有很大起色,已经做到了主管,方小可又说,有了房子才能有家啊,对方只得收回了那丝绒的小盒。第三年,房也有了,装修一新的新房正在等候着方小可,但方小可说,有了车以后才可以带我兜风啊,于是那个新房只好继续等待。

为了这些梦想,方小可和男友过得非常节俭。她从来不送礼物给男友,也不许男友送贵重礼物给她。如果一定要买,她也得考虑这个东西是否实用,以后是否用得上。

情人节那天,男友发了奖金,心情很好,穿了西装就拉着小可去吃西餐。到了门口,小可还是把他拉了回去,说那东西又贵又不实惠,花了很多钱却吃不饱,还是去吃麻辣烫吧!男友忍无可忍地说:"方小可,你省那么多钱干什么啊!"方小可尖着嗓子说:"现在的资本家那么不可靠,不省点钱二十年后你老了干不动了,咱们靠什么过活啊!现在苦一点,二十年后就可以过好日子了。"

男友本是个喜欢旅游的人,但自从和小可谈恋爱后,由于要省钱为二十年后计划,便再也没有去过。柜子里那有丽江、西藏、大海背景的照片也渐渐蒙上了一层灰。

终于有一天,危机爆发了。男友的公司举行年终酒会,要带女伴,他给小可3000块,让她自己去买一件得体的晚礼服。可是他在酒会门口等到的方小可却让他大跌眼镜,她居然穿着她平时常穿的棉布长裙,而且没有化妆。他拒绝带方小可入场,方小可也不让他独自去,于是他俩只好快快地各自回家。

第四年,小可的男友终于买上了车,那天晚上,方小可拿出为他准备的男式结婚钻戒,但却没有等到他,他的副驾驶座早给了另一个女孩。

方小可恨恨地对女友抱怨:"我哪点对不起他?为他省钱,帮他打算,不肯结婚也只是为了刺激他上进,不肯乱花钱也是为了我们以后的幸福,我哪里不对了?"

女友只说了一句话:"方小可,二十年后再大的幸福,也不如每天的一小点幸福啊!"

享有你现在所有的安乐、幸福,不要梦幻着明年不可期的汽车、豪宅。享受你今年所有的衣服,不要妄想明年不可期的锦华狐裘。

聪明的女人,只要下定决心,努力改善,支配自己,让自己充分享有今天的快乐,你的身上就会爆发出热情,就会卖劲工作,享受生活。

请你记住,不要过度地把精力集中于明天,不要过度沉迷于将来的梦想;如果你失去了今天,也就丧失了今天所有的欢愉和幸福,也失去了今天可能有的各种机会。

请将你的全部精力倾注在现实中。假如在今天里,你只能取得1%的幸福,你不必奢望从明日获得99%的幸福。

你必须努力把握好今天,只有把握好今天,才有美好的明天。

你不要让自己过分沉浸于预期或幻想的未来生活中,由于过分的幻想,你会忽视今天,会使正在进行的今天的生活变得枯燥乏味。预期,幻想,虽然可以刺激你向往未来,刺激你更努力做事,但是,过分的幻想,会让你失去今天的乐趣,降低你享受当下生活的幸福感。

幸福,是一种积累,是由无数个今天堆积而成的。正如《圣经》中所说:"以色列民族在出埃及的最后征途中,天上降下的天饼,只可以当日吃尽,藏了一夜,到了明天,就要变坏而不能下口"。幸福事物,也只有当日才能享有。

3. 崇拜并不等于爱

女人总是向往被人呵护、宠爱的感情，因此，一般的女性都更容易爱上比自己强的男人，都想要有一个能包容自己、照顾自己的爱人。女人心中都有一个理想的梦中情人，什么困难到了他手中都是小菜一碟，不费吹灰之力就解决掉了，在自己遇到危险的时候他总是在最关键的时机出现，像一个英雄那样力挽狂澜。虽然女人也知道这不过是个童话故事，但还是不自主在追寻着这样的男主角。

虽然崇拜容易变成爱情，但毕竟不是同一种感情。只是这两种感情有时候又很难分清，感情总是最复杂的，女人往往会把自己崇拜他的感觉，错误的定位为爱恋，而茫茫然一头扎进去，结果却发现这并不是真正的爱情。

花工作之余很喜欢上网聊天，和其中一个叫作磊的网友聊得最开心。他是一家大建筑公司的总设计师，声音非常具有磁性，普通话说得像播音员一样标准，文字功底深厚，读的书很多。花看到他发过来的以前写的诗歌和文章，那么优美流畅，为他的才气惊叹不已。花于是开始和他的网恋故事，花很喜欢这种感觉，她觉得网恋带给人的魅力在于，让人回到了年轻时浪漫的心态，总是有一种期

望,就像《周渔的火车》里的周渔一样,始终处于一种寻寻觅觅的状态之中。所以尽管磊已经很多次向她提出了见面的要求,可是花还是没有同意。

磊是一个健谈的人,和他聊天的时候,花觉得自己就像一个无知的女孩,慢慢地,花觉得自己也许已经爱上了他,他的一切都令花十分迷恋。于是他们终于见面了,磊的样子和想象中差不多,但是花在面对真实的磊时却觉得没有了那份特殊的感觉。花突然想起大学时班里最优秀的那个男生,那是花追逐的目标,在一起参加完学校的辩论赛后,花和他成了好朋友,以前那种崇拜的感觉被一种英雄相惜的感觉代替了。花觉得,现在的自己似乎遇上了同样的心情,以前的那种缥缈的爱恋不过是种崇拜感,现在已如同往事。

其实,像花一样,即使一时把崇拜当作爱恋,在理智的思考后,聪明的女人也可以辨别两者的区别。爱情与崇拜的区别就是:爱情就是当你知道他不是你崇拜的人,而且明白他还存在着种种缺点时,却依然选择了他,不曾因为他的缺点和弱点而抛弃他。

女人很容易爱上自己崇拜的人,但不会爱上自己崇拜的每一个人。在同一时间段,崇拜的人可以有很多,但爱的人只会有一个。崇拜是对自己梦想的向往,因为他做到了你想做却没有做到的,所以你崇拜他。在你的眼中,他是完美的,就像神一样永远在不可赶超的地位,你敬畏他,又渴望接近他。而爱情是两个人之间平等的对话,爱一个人,在期待他的关心时,你也会想照顾他。就像有人说的，爱情是你明知他穿得像个土老帽，还愿意和他出去示众；是你鄙视商人而他偏偏是个可爱的小商贾；是你素有洁癖却甘愿为他洗油腻腻的饭盒和脏兮兮的球鞋。

　　心态成熟的人更不容易被这种感情迷惑，所以，如果你觉得自己也许爱上了一个人，先冷静下来，理智地想一想，自己到底是崇拜他还是真的爱上他了。不然，如果等以后再醒悟这不是爱情，那就太对不起自己的感情了。

　　童筱第一次参加公司聚会时看着别的女同事花枝招展的样子，觉得自己打扮得真是逊毙了，手忙脚乱中居然又把饮料洒到顶头上司雷的浅色西服上，童筱诚惶诚恐地准备挨批，却意外听到安慰的话。从此，童筱开始注意这个上司的一举一动。雷是一个十分受人欢迎的人，年轻有为，从来不摆领导的架子，工作起来认真负责。在他的带领下，童筱她们一组在公司里总是表现最优秀的团队。熟悉起来后，童筱告诉雷他就是自己的偶像，要把他当作学习的榜样，雷笑着说一定会好好教她。雷没有食言，每次童筱遇到问题都会很耐心的帮助她解决，还教会她很多如何处理人际关系的技巧。

　　公司里慢慢地传出了童筱和雷的绯闻，有要好的女同事也旁敲侧击地打探过她们之间的进展，但是童筱很清楚，自己只是崇拜雷，但没有爱上他。童筱知道谣言的危害，于是开始注意不要和雷走得太亲密。雷却突然向她表白了自己的爱意，而童筱想了很久之后还是拒绝了。好友

问她你不是很崇拜他吗,为什么不答应呢?童筱回答,崇拜不是爱情,爱他才会想嫁给他,崇拜他却不会。

女人如果嫁给了自己的偶像,很容易会陷入迷失自我的状态中去——低眉顺眼,对他百依百顺,就像为神献身的祭品。婚姻是属于相爱的人对彼此的承诺,可是很多女人却以嫁给自己的偶像为幸福,这不过是盲目地崇拜,或者是虚荣心使然。

4. 在旅行中充实你的心灵

让心灵去外出旅行吧,找回原来真实的自我。让自然的空气净化我们的心灵,让自然的柔风细雨洗掉我们的尘埃。出门旅游给我们带来的不只是视觉上的享受,体力上的锻炼,更多的是一种健康的生活方式。

晓娜在北京一家公司做招标部主任,平时的工作很累。连续加班几个月拿下了一个大项目,好不容易盼来了今年的休假,却不知道该怎么过才好。以前节假日要么加班,要么躲在家里睡觉看电视。晓娜的理论是,平时加班加点已经够忙了,放假了还不赶紧休息休息?几个死党却是忠实的"酷驴"一族,在死党的劝说下,晓娜终于背着包和她一起去了云南,决定来个徒步游。

在穿行云南的日子里，晓娜感觉走过的地方有太多震撼人心之处。初见玉龙雪山的惊喜，在泸沽湖所见过的最美的星空，丽江古城的醉人，虎跳峡的惊心动魄，中甸的蓝天白云，滇藏之路的险象环生，梅里雪山的秀美雄伟，冬日澜沧江的翠绿，和顺侨乡的祥和，九龙瀑的壮观，罗平田园风光的清新迷人，元阳梯田的目瞪口呆，抚仙湖的宁静清爽……风景的美丽，大自然带给人的感触，难以用言语来描绘。

最令人难以忘怀的，是沿途遇上的那些人和事。在德钦让晓娜她们搭便车的那个善良的藏族司机，泸沽湖畔衣着单薄的失学儿童，外表和内心一样美丽的傣族姑娘，西双版纳那些无私帮助她们的陌生人，让久居城市的晓娜内心深处有一种时时想泪流满面的冲动。晓娜感慨，这次的旅游经历让自己的生命更加完整。这才是健康的生活。

旅游之后，回到北京，一种压抑感立刻随之而来。浑浊的空气，拥堵的交通，让晓娜快乐的心情完全的消失了。回想曾在旅游时的那种快乐，现在怎么不见了？晓娜迫不及待地给死党打电话商量，下次我们去哪里旅行？

男人总是说，女人的欲望是很难满足的。他们不知道，女人的欲望最简单，她们要的，只是一种心灵的放飞。

阿敏是个很感性的小女人。阿敏喜欢说，旅游是给心灵放风筝。感觉自己累了，就和男朋友出去旅游，每到一个景点，拍几张照片，把瞬间的美景连带二人世界的欢声

笑语收入记忆的仓库。过些日子心灵疲倦时，再把积存的照片倒腾出来翻阅，让生活变得有滋有味。

今年夏季的九寨沟旅游就是一次心灵的放飞。九寨沟的风情太迷人了。似乎总有一首无言的歌在心头激荡，阿敏真想拥抱这片神圣的地方。九寨沟那著名的"海子"，如人间琼池一般，"海子"的澄澈、玉般的情怀是那样的令人为之陶醉，为之忘情。依偎在男朋友的怀里，她觉得十分满足。阿敏想，爱情有了这种感觉，就足够了。

受到美丽的大自然的感染，心情也如山般葱茏，水般清澈。从九寨沟回来后，那种美好的心情还久久没有消退，阿敏的整个人似乎仍被一座座群山拥抱着，被千万个"海子"抚慰着。虽然天气闷热，但阿敏的心境却一片清凉，有郁郁的树林，有潺潺流水，有鸟儿在歌唱，罕有的惬意，长此以来喧腾的心灵也有了安顿。

旅游的日子里，阿敏不带相机，关掉手机，只为闭上眼睛，避开尘世的纷扰。理一理心灵中的荒秽，除掉功名利禄，除却一切世俗的烦忧，什么考博、职称，统统地去吧。任思绪信马由缰，去追寻古人的足迹，与他们做一次心灵对话。向庄子借一只大鹏，展翅翱翔，心随鹏飞，飞翔至天际，降至那青青绿草处；向陆游借一方扁舟，一叶飘然烟雨中。

此中快意，实不足为外人道也。

旅游的日子里，不用看电视，不用想着要买份当天的报纸来看看，不用关心布兰妮又找了新的男朋友没有，也没兴趣知道娱乐圈有什么新的绯闻，不担心男朋友会在中午用电话把自己从睡梦中吵醒。回来后，才知道原来这短短的两个多月，身旁发生了太大的变化：银行又减息了，油价升了又跌，布兰妮又离婚了，男朋友考博成功，如愿以偿……

阿敏淡然一笑。生活，那么美好。

人生就是一场旅行，不必在乎目的地，在乎的，是沿途的风景，及看风景的心情。

5. 大胆把"不"说出口

不敢说"不"的女人，往往缺乏实力，她们只怕不顺着对方的意，自己就要吃亏。岂知愈是想讨好每个人的，最后可能谁也没讨好，因为没有人珍视她的"好"，却要加倍地责备她可能的不周到。

钱钟书先生一连说过七个不字："不必花些不明不白的钱，找些不三不四的人，说些不痛不痒的话。"或许我们的拒绝根本伤不了别人的面子，而你又落个轻松自在，同时也让被拒绝的人了解你的坦荡和真诚。

很多笨女人也许是太富于同情心了，往往很难拒绝同事朋友帮忙的请求。对社会频繁的人际交往、复杂的社会关系以及一些可有可无的聚会、应酬，总感到应接不暇。

于是老去抱怨:"唉,真没办法,真累,真烦……"有人会问:既然不喜欢,为什么不拒绝呢?她只会露出一脸苦相:"说的容易,做着难。都是些同事或是亲朋好友,怎么拒绝?你若能拒绝,人家也会认为你不给面子。"

为什么就不能拒绝呢?聪明女人学会拒绝,就得学会向自己挑战,向我们的面子挑战;学会拒绝,拒绝这种面子,拒绝来自我们内心的自卑、懦弱和虚荣,让自己变得真实、自信、勇敢起来;要学会拒绝,就要敢于对自己不喜欢的人和事,大胆说个"不"字。

某天早上,阿姨打电话来,问小红能不能陪她一起去看拍卖古董。小红说:"不!"

中午社区报纸打电话问小红能不能为他们的征文颁奖。小红说:"不!"

下午某大学的学生打电话来,问她能不能参加周末的餐会。她说:"不!"

晚上,《华盛顿晚报》传真过来问小红能不能写个专栏。她说:"不!"

你或许要认为小红是不近人情,可当事人并没有这种感觉。因为,她很讲究方式和技巧。当她说第一个"不"时,同时告诉了她"下次拍卖古董,我会去。至于今天,因为我对家具、器物、玉石的了解不多,很难提出好的建议。"

当小红说第二个"不"时,她说:"因为我已经做了评审,贵报又在最近连着刊登我的新闻,且在一篇有关座谈会的报道中赞美我，而批评了别人。如果再去颁奖，怕要引人猜测，显得有失客观。"

当她说第三个"不"时，她说："因为近来有坐骨神经疼痛之苦，必须在硬椅子上直挺挺地坐着，像是挨罚一般，而且不耐久坐，为免煞风景，以后再找机会！"

当她说第四个"不"时，她以传真告诉对方"最近已经刚刚寄出一篇文章，专栏等以后有空再写。"

小红说了"不"，但是说得委婉。她确实拒绝了，但拒绝有道理。因此能够取得对方的谅解，自己也落得清闲。

愈是想对得起每一个人的，愈可能对不起人，因为精神、时间、财力有限，不可能处处顾及，结果办事情的水准下降，还是对不起人。就算是他拼老命地应付了每个人，至少对不起了他自己。

当然，如果能在生活、学习和工作中热情倾力地帮助别人，对别人的困难有求必应，自然更加容易建立融洽的人际关系。可是，有些事情有违你做人原则和行事规定，还有些事情是你能力之外的，确实有难处：如果答应了，自己难以对付；如果拒绝了，对方肯定会心生怨恨，或者认为你不讲情面。有些时候，你必须给别人的请求一个明确的答复。如果是合乎对方期望的回答还好，但是如果直接表示你的否定，尤其直截了当地说"不"的时候，对方轻则失望尴尬，重则反目成仇，从此不相往来。

6. 不要一味地迁就你的丈夫

男人喜欢温顺的女人,以满足他统治世界的潜意识。但是如果你对他一味百依百顺,他就会感到兴味索然,因为爱情需要异质精神力量的碰撞,一直百依百顺,你就会失去自己的独立个性;当你跟他完全步调一致的时候,他也就取消了你存在的合理性,既然你跟他完全一样,那么你的存在也就显得多余了,他可能会把目光转向别人。

聪明的女人千万别一味迁就丈夫,男人该"修理"就得"修理"。不要怕,吵嘴之后,两人的感情不是处在绝望之中,而是处在希望之中;不会将你的丈夫推得更远,而是把你与丈夫拉得更近。

有这样一对夫妻,他们结婚10年,感情笃深,三千多个日日夜夜从没有发生过一点点小摩擦。周围人皆羡慕地说:"天上不多,人间少有。"

确如人们所说,这位的妻子"贤惠"到了"登峰造极"的程度。丈夫让她向东,她决不朝西;丈夫让她站着,她决不挨椅边一下。

丈夫为此在人前多次沾沾自喜地说:"咱那老婆,嗨,一点没挑的。"

忽然有一天，丈夫突然烦恼起来，不去上班，连续数日在家蒙头大睡。妻子并不责怪，而是更加细心地照料他。丈夫睡足了以后，仿佛脱胎换骨。以前他从不沾烟酒，如今却是又抽又喝。妻子仍不见怪，反而买烟打酒，还特意做些下酒好菜。

丈夫愈加放荡，抽足喝好之后，便骂妻子，骂到激动处，还免不了拣妻子肉厚的地方打几下。这时，妻子却仍强装笑脸，百般呵护丈夫，决不追问自己挨打受骂之缘由。

面对这样的"贤"妻，丈夫仿佛失去了人性。这天，他终于写下一份《离婚协议》逼迫妻子签字。妻子强咽苦水，只有哀求，但丈夫却走火入魔，似乎不离婚就再也活不下去了。

此事惊动了双方父母及双方单位领导，大家惊诧之余，忙了解真情：莫非丈夫有了情人？谁也不相信；丈夫精神有了毛病？经精神病专家诊断一切正常；妻子对丈夫侍候不周，言语有差？连丈夫自己也否认；妻子有作风问题？向单位、朋友问了一圈下来，结论是根本不可能的事……

于是，"枪口"全部对准了丈夫，好言相劝，严词警告，单位拿出了行政手段；爹娘老子抡起了拳头擀面杖……办法想尽，手段使绝，却怎么也改变不了丈夫离婚的决心。

丈夫把离婚诉讼交到了法庭。开庭那天，妻子的"同盟军"全部上法庭，纷纷陈述其妻的好处，共责丈夫莫名

其妙的"禽兽"之举。此情此景,连法官也大动衷肠,遂坚决为其妻撑腰,要求丈夫向媳妇赔礼道歉,回家好好过日子去……

丈夫正襟危坐,毫不动情:"离婚,非离不可!"

多年温情,多日忍辱之苦,终于在其妻的心中变成了一股怒火,她怒吼一声,冲到"不仁不义"的丈夫面前,猛然抡臂——"啪",一记响亮的耳光赏给了丈夫。"离!坚决离!我无法跟你过了!"

奇迹突然出现——挨骂挨打的丈夫笑逐颜开,竟当众抱住妻子来了个响吻。

"亲爱的,不离了,不离了!我永远也离不开你。走,咱们回家去。"

这个故事提醒我们,丈夫不是在"犯贱",也不是"鬼迷心窍",而是在追求一种家庭中应有的新趣味和激发妻子的个性。因为妻子带给他的生活太平淡了,平淡得就像一池死水。在这池死水中生活,任何人时间长了也会产生乏味厌倦之感。对这些观点,许多"贤惠"的妻子们肯定大不服气:"我伺候他吃,侍奉他穿,逆来顺受,这臭男人还有什么乏味呀、单调呀、不满足的呀?"

这样的妻子应该去读读史书,过去许多"万岁"们身居皇宫,后宫妃嫔成群,山珍海味成堆,但却往往会青衣小帽溜出宫来,结识些村姑莽汉,品尝些粗茶淡饭。其中道理,其实就和你的那个"臭男人"差不多。许多妻子怕和丈夫吵嘴,一天到晚都让着丈夫,生怕自己做错事,也不敢说重话。照理说，这是一种很好的品德。可细细一想，如果夫妻之间一天到晚都是说着甜甜蜜蜜的话，这是否会让人觉得很腻？或者如果两口子一天到晚都把嘴巴闭得紧紧的，这是不是又会让人觉得沉闷？

总之，要想使你丈夫的感情与你更融洽、更和谐，千万别像这位妻子那样一味迁就丈夫，男人该"修理"就得"修理"。

7. 宠爱自己就给自己买东西

女人要对自己好一些，不要介意用了一个月的工资去买一条MISS IXTY的裤子，也不要把自己的幸福寄托在别人身上。等待得来的礼物就像是被恩赐的爱，总是会有失去的忧虑，而且如果总是想着要男友给自己送礼物，迟早也会让他感到厌烦。

享受爱人体贴的照顾是每个女人都非常乐意的，男友送的礼物即使是很普通的东西，也会让女人心里乐滋滋的，因为那是一种被爱的幸福。在男人看来，女人对于礼物总有千奇百怪的理由，在每个独特的节日或者纪念日，她们总是期待着收到礼物。男人常常会忘记这些，但是女人却很在意。生日的时候，如果男友能送上一件自己心仪已久的礼物，即便是在意料之中，也会欣喜不已；情人节的时候，男友如果忘记送上一件哪怕是很小的礼物，女人也许就会失落许多……

可是,礼物一定要等男人来送吗?如今一些聪明女人的回答是:不!让男人给自己送礼物不再是女人最向往的,现在,越来越多的聪明女性开始更享受自己给自己买东西的乐趣。男人送的礼物珍贵在那一份情,礼物本身往往不是重点,特别是有的时候别人送来的礼物并不合乎自己的心意,但是又不好意思丢弃。而自己买的东西无疑更让女人感到舒心,不但可以更切合自己的需要,更是对自己的一种犒劳和奖赏,那份满足的感觉就像一个人坐在吹着海风的沙滩,看着蓝天与海水在天际处拥抱,无拘无束、自由自在。

张晶今年30岁了,是一家公司经理,单身。三十岁生日那天,她收到了很多朋友发来的短信,后来也收到过一些朋友迟到的礼物,像香水、化妆品啊什么的。但这些礼物都没能抵消她取悦自己的欲望,于是很快她就给自己买了一架一万四千块的钢琴。她说,这份礼物可跟奢侈品不一样,那不仅仅是寻求稍纵即逝的快乐,而是开发自己的兴趣和潜能,让以后每一天的生活都有美妙的音乐相陪。后来她为了自己工作更加便利和舒适,给自己又买了一台SONY最新款的笔记本电脑。她说,给自己买礼物的时候,她有一种很强烈的成就感。礼物本来就是拿来取悦于人的东西,当然可以拿来取悦自己,女人就应该知道如何让自己开心。

聪明女人一定要善待自己,哪怕只有十块钱,也可以拿出其中的一元钱来满足自己,给自己买点东西。情人节的时候,为什么一定要等别人来送自己花呢？很多时候，希望带来的是更大的失望。还是自己买吧，只要两朵玫瑰或者百合，插在注满了清水的花瓶里，放在卧室或者办公桌前，闻着那淡淡的香味，快乐就是这么简单……女人要欣赏自己，要宠爱自己，如果向男人索宠太难，那就自己来买吧！买一份礼物给自己，自己宠自己一回。

王平是一位很时尚的女性，在一家公司工作，是典型的白领，有较高的收入和一个帅气又疼爱自己的男友。但是她不喜欢每天缠着男友给自己买东送西，而是喜欢自己给自己买礼物，情人节、"三八"节和自己的生日，她会给自己买一大堆礼物，有首饰、护肤品和最新款的服装；心情好，工作顺利的时候，她也会给自己买一堆礼物来犒劳自己……她的生活过得充实又有滋有味。王平说，女人要学会自己宠爱自己，记住什么时候都不要亏待自己，不要想着让男人给你买礼物，用自己的钱买自己喜欢的东西，是一件很舒心的事情。

这是一个聪明的女人，懂得如何让自己活得快乐。

女人要学会宠爱自己，找个理由，送自己礼物，不用看别人的脸色，也没有赌气的危险，自己快快乐乐地买，快快乐乐地用，牢牢把握住幸福的主动权。

8. 自己对自己好一点

能够想到以后的生活,未雨绸缪,是对自己负责的生活态度,但是千万不能太甚。人生最好的生活方式,就是一边计划未来,一边享受现在,即使只是小小的享受,也比终于熬成正果,坐拥豪宅,却只剩下一颗苍老的不会享受的心要好。

看着别的女人化艳妆,穿靓衫,这月去云南,下月去海南,再看看自己素面朝天,粗衣布裙,每天除了下班做饭,就是早起上班,或许你会安慰自己,好日子还在后头,等我赚到资本我也来精致潇洒一回。但是日子久了,你就会发现,去年本打算今年存够了钱就去海南潜水看海,明年好像又要贷款买房,肯定又不行,况且,休息一天,少一天的工资啊!

于是,美好的梦想,就只能无限期地往后拖了。但实际上,真的有那么困难吗?困难到看中一件梦寐以求的衣服,都非得衡量再三后,还是选择放弃?

青春有限,亮丽的容颜实在太珍贵,聪明的女人,如果不趁着自己年轻,抓紧享受,难道等到七老八十再化彩妆?丈夫重要、孩子重要、房子也重要,但最重要的还是享受这一刻的生活!所以若真的碰上一样喜欢的东西,如果不是明天就没钱吃饭了,就买了它吧!

又一个周末，李璇无所事事地待在家里上网打发时间。男朋友出差了，她已经不习惯一个人逛街。看着姐姐漂漂亮亮地出门，大包大包的袋子提回家，给自己买了条漂亮的水晶项链和银耳环，还有一些漂亮的衣服，心里不免酸酸的。以为姐姐会给自己也买了东西，结果姐姐回了一句：刚才叫你怎么不去，自己赚钱自己买去。

是啊，两个人的工资水平差不多，为什么不能像姐姐一样打扮得漂漂亮亮出门逛大街？自己挣的工资，爽爽快快拿出一部分买自己想要的东西，有什么不可以呢？看着姐姐在穿衣镜前得意的样子，李璇明白了，谁说需要了才能买东西，女人，就是在购物中享受生活。

就像男人抽烟、玩游戏一样，女人购物其实也是享受生活、放松心情，或是发泄郁闷的一种方式。常常有这样的情况，女人一和老公吵架就会到商场狂购一气，买完东西花完钱了，心情也就自然好起来了。

女人天生喜欢逛街、买东西，犹如叽叽喳喳的鸟儿往返衔枝垒窝，她们一定要亲手用细心和纤巧玉手营造温馨幸福的港湾。平淡如水的岁月，女人忙着相夫教子和操持家务。最开心的一刻莫过于周末约上闺中密友，跑女人街、逛城隍庙、上四牌楼去"沙里淘金"，然后大包小兜地满载而归，脸上写满舒心得意的神采。

这才是女人，女人本来就是天生的"败金"主义者。男人喜欢说，女人都是天生的购物狂，买起东西来简直无药可救，这其实是不理解女人。购物狂不好，很多男人都养不起，所以

聪明的女人不会为了购物而购物,也不会买超出自己承受能力的东西。她们没有想着花男人的钱购物,她们只是习惯了看到喜欢的东西就买回来而已。喜欢一样东西,用自己的能力去得到没有什么不合适,就算用双倍的价钱去买了一张喜欢的CD又怎么样,只要能在第一时间听到偶像的歌声,自己觉得值得就好。难道这就是男人所说的无药可救?什么是女人生活的乐趣?值得与不值得是要看自己怎么去理解,心情好才是购物的最终目标。

只要你想得到,只要你愿意享受生活,你就可以不必因为为以后打算,而把自己弄得灰头土脸,没有一点情调。所以,若是真喜欢一件东西,就买吧!

第二章 刚刚好的女子,不迷茫不低头

无论生活赋予我们怎样的处境,怎样的条件,它都不是阻止你前行的理由,也许你现愁于生活,也许你正迷茫,但且相信,只要你一直坚持,永不放弃,生活无论面临何种窘境,迎难而上,相信回馈于你的不仅仅是财富,还有你面临困难永不低头的精神!做一个刚刚好的女子,人生不迷茫,岁月不低头。

1. 战胜自己的女人才能走向成功

人的一生，是风风雨雨，坎坎坷坷的一生，遭遇过无数的对手和敌人，但最强大的敌人并不是外部的，而是我们自己！正如哲人罗兰所说："最强的对手，不一定是别人，而可能是我们自己！在战胜别人之前，先得战胜自己。"

其他的敌人是较容易战胜的，唯独自己这个敌人是难战胜的。我们常常错过机会，是因为我们的犹豫和拖延；我们常常满足现状，是因为我们没有追求和理想；我们常常回避困境，那是因为我们缺少自信……其实每个人都有战胜自己的经验。

有个成绩优秀的女人，去一家大公司应试，结果名落孙山。这个女人深感绝望，顿生轻生之念，幸亏抢救及时，捡回一条命来。

不久又传来消息，她的成绩名列榜首，是统计成绩的电脑出了差错，她被公司录用了。

但很快又传来消息，她又被公司解聘了。理由是，一个连如此小小的打击都承受不起的人，又怎能在今后的岗位上做出成就呢？

　　这个女人虽然在考分上击败了其他的对手，可是她没有打败自己心理上的敌人，她的心理敌人就是惧怕失败，对自己缺乏信心，无谓地给自己添加压力，结果得到的也是失败。当一个女人真正战胜了自己，那么，就没有任何事情能打败她。沙莉·拉斐尔就是一个这样的人。

　　莎莉·拉斐尔年少的时候，立志要成为一名电台广播员，她从最底层做起，付出自己的努力，但运气似乎并不垂青她，在她三十几年的职业生涯中，她曾被电台、电视台辞退了18次。她在谈起过去的经历时说："我被辞退了18次，本来大有可能被这些遭遇所吓退，做不成我想做的事情，结果却恰恰相反，我让它们鞭策我勇往直前。"

　　正是因为莎莉·拉斐尔的执着与坚韧，才使她成了著名的电台播音员，成为美国和加拿大家喻户晓的人物，现在每天有超过八百万的听众收听她的节目，她已经是一名自办节目的主持人，并曾经两度获奖。

　　从这两则故事中，我们看见了不同的结果。同样，在追求成功的道路上，有的女人失败了，有的女人却成功了，这是什么原因呢？我想很大程度上因为前者被自己打败，而后者却能战胜自己。

　　一个女人要挑战自己，战胜自己，靠的不是投机取巧，不是耍小聪明，而是自信心。女人有了自信心，就会产生意志力。人与人之间、强者与弱者之间、成功与失败之间最大的差异就在于意志力的不同。女人一旦有了意志的力量，就能战胜自己的各种弱点。

没有一个女人的成功是一蹴而就的，没有谁可以一步登天。恰恰相反，所有的成功都是经历了一连串的失败之后才产生出来的。成功和失败都由自己做主的，当你不认为自己已经失败时，你就战胜了自己。

酸甜苦辣的味道每个女人都会尝到，百味人生需要女人慢慢地体会。其中，每种滋味都有耐人寻思的道理，有不可控制的生活使然，更有挑战人生、战胜自我的神韵玄妙。只要勇敢面对、善于发现、不断提升，美好的生活就摆在女人的面前，人生的画卷自然也就色彩斑斓。

人性中有很多弱点，如贪图享受、容易满足、回避困难、自轻自贱、盲目乐观、懒散傲慢等等。人生要想成功，就必须战胜自己的这些弱点。

要战胜人性的弱点首先必须树立成功人生的信念，这个信念必须坚定不移。很多人都想获得人生成功，但是又缺乏自信，因而这个信念并不坚定，稍遇风吹浪打，便自己动摇放弃了。只有坚定成功人生的信念才能与自己人性的弱点做斗争。

其次，是把社会的需要和自己的长处结合起来发展自己，战胜自己。

很多人最后被自己打败是因为自己怀才不遇，自暴自弃。

还有很多人失败是完全放弃了自己的特长兴趣而跟着社会跑，最后完全丧失了自己。

只有把社会与个性特点结合起来发展，才能在顺境中克服自己人性的弱点。

再次，要有顽强的意志。与自己斗争就是意志力的考验。

人生并不总是顺境。对多数人，逆境会使他们自甘沉沦，只有少数具有顽强意志的人能够战胜自己的弱点，顶天立地，像蜡梅一样在冰天雪地里傲然开放人生灿烂之花。

邓小平同志的一生是成功人生的楷模，他之所以成功就在于他有超常的意志。他在中国革命进程中三起三落，不畏艰辛，顶住压力，最终实现了人生目标。所以，有顽强的意志就能战胜人性的弱点。

人性的弱点尽管很多，很强大，难于战胜，就像一张张蛛网束缚着我们走向成功，使人不知不觉陷入自己的败局，但只要我们能清醒地认识到这一点，不再怨天尤人，不再把自己的失败归于社会、归于家庭、归于他人，自我反省，从现在开始，重新做人，克服自身的弱点，那么，就完全可以开始成功人生。

记住，走向成功的最大敌人是你自己。要取得人生成功，首先要战胜自己。

2. 心动决定女人行动的方向

通常情况下，人们对他人心动的梦想总是持一种鄙夷的、不屑的看法，但实际上每个人，从童年直到老年，谁也无法摆脱梦想的纠缠。其实，梦想应该是一种良好的心理性格和成功的基础。

心动是人类的特权和天性,成功者会展开心动的翅膀,立定目标飞向诱人的未来,追求人生事业的成功。

聪明的女人明白,有了梦想,才会有希望,才能激发潜能。有伟大梦想的女人,即使是铜墙铁壁也不能阻碍她们前进的脚步。

长安街素有"中国第一街"之称,在中国国民心中,它是伟大首都的象征,也是中国政府重要机关的所在地,更因拥有王府井、西单等著名商街而享誉全世界。然而,有谁能够想到就在这重中之重,寸土寸金之地,却被一个从香港回内地来的女性看中了,她就是2003年中国大陆《福布斯》财富排行榜第五名的陈丽华女士。20世纪90年代,陈丽华带着她在香港采到的第一桶金回到北京,做出了一个让人瞠目的决定,她要在长安街上建造一个豪华俱乐部。当她将这个想法告诉亲朋好友时,得到的回答是:"不可能"。陈丽华说:"当时我一说要做长安俱乐部,很多朋友们都说,丽华你可做不了"。但陈丽华没有放弃这个让她"心动"的想法,而是开始认真地将它付诸实施。

长安俱乐部地处长安街黄金地段,毗邻天安门广场,是陈丽华自香港转战内地投资的第一个房地产项目,总投资4.5亿元。做一个俱乐部,在长安街上。陈丽华当时显然只考虑了这条街的寸土寸金,却没有过多的考虑到施工的难度。

陈丽华说:"当时我向很多人咨询,怎么做?要做到什么标准?要慢还是要快?可现实情况先是在举办亚运会前不能开工,亚运会结束了,还是不让开工。开不了工,这块地等于白拿。当时我资金有限,这又是我在北京的第一个投资项目。亚运会结束又一年多了,领导还是不让开工。"

1993年,陈丽华拿到这块地的第四年,长安俱乐部终于开工了。陈丽华将积聚了四年的力量全部投入到工程上,她亲自带领施工队不分白昼地开始干,铲土、装车她样样都干。一年后,陈丽华在长安街上完成了她的第一部作品——长安俱乐部。

陈丽华成功了,值得玩味的是,10多年来,陈丽华接揽的地产项目个个都是寸土寸金的金贵地段,各中玄机谁人能参破?陈丽华淡淡地一笑,"一是靠朋友帮忙。很多人都问我经商的诀窍,我说很简单,诚实、信用第一,真心实意地交朋友;二是想到了就做,要做就做好。"

是啊,多直白的话,"想到了就做,要做就做好。"从陈丽华的言语和故事中我们看到一个成功的人除了有超人的胆识之外,还得有积极投入行动的勇气,把心动的想法通过实际的行动去完成。

梦想和希望通常是未来的预言。有很多人容许它们逐渐暗淡下去,却不知道坚持下去就能够实现。

心动决定女人行动的方向,在追求事业的过程中,你如果没有一个高远的目标,那你永远也不可能展翅飞翔;如果你心动的方向在高空,你将永远是只搏击长空的雄鹰。想象你正爬越心中的山脉,想象你正冲过终点。表面上,这些设想好像很不实在,但却往往能增加你的耐力,使你百折不挠,继续向理想迈进。

一个成功的女人应该如此:莫让自己的梦想因别人的几句冷言冷语而熄灭。安于现状,只会使你丧失获得更卓越成就的能量。只要能够朝着心动的方向大胆的迈进,只要你的眼光看得够远,你就一定能真正飞起来。

3. 有目标的女人才能成功

女人要想成功,不能没有远见,要把目光盯在远处,用远大之志激发自己,并咬紧牙关、握紧拳头,顽强地朝着自己的人生方向走下去。没有这种品性的人,是绝对不可能成大事的,甚至连小事都做不成。

没有远大目标的女人只看到眼前的、摸得着的、手边的东西。而有远见的聪明女人心中则装着整个世界。

如果你不知道你要去向何方,便不会取得什么。没有目标的行动只能走向灭亡。目标对女人非常重要,不容忽视,目标是所有奋斗者成功的起点。

鲁豫是自然而清纯、清新而不艳俗这样类型的女孩,

无论是谈吐还是气质都散发着淡淡的书卷气。鲁豫是内敛的,连表情也是那种有教养的得体和节制,不张扬,却让你感觉有底气。70年代出生的她,依然从内里散发出少女一般纯纯的气韵,在物欲横流的今天,尤其是在充满诱惑的娱乐圈里能保留这样的气质,使人不得不感叹鲁豫的难得。

成功最重要的是拥有平和的心态,鲁豫便是这样的。同事们评价她说,不管外界怎么变,她都坚持自己的路、自己的原则。

真诚,再真诚,鲁豫这样告诫自己。

鲁豫原来在中央电视台《艺苑风景线》做主持人,1994年底她选择了离开。那段时间,鲁豫感到迷茫,她想改变自己,却不知道方向在哪里。这种时候,彻底地改变环境,获得充裕的思考时间或许是最好的办法。

于是鲁豫和几个朋友一起,远涉重洋,到了美国,从夏威夷到西雅图,从纽约到佛罗里达,这一年,都在路上,走走停停,看看想想。远行的意义在于打开一个人的眼界,让你获得一种全新的视角和思考方式。

1995年,鲁豫在美国第一次"邂逅"了奥普拉。那时候她是一个只有看电视、没有做电视份儿的悠闲之人,"邂逅"奥普拉是她悠闲时玩遥控器的结果。鲁豫突然看到电视上有一群女人,跟着一个身体超重的黑女人又哭又笑。这个黑女人就是当时美国著名的电视节目主持人——奥普拉。鲁豫当时就想,要做主持人就做这样的!

1996年初,鲁豫回到了北京,考入了凤凰卫视。刚到香港，鲁豫感到了一点点的不适应，除了语言不通，生活习惯的不同，还有凤凰卫视在体制上和内地的差异。

那时候鲁豫主持的几档娱乐音乐节目面对的是很年轻的观众，而当时她的主持风格和她的本色大相径庭，但是凤凰卫视毕竟给了她一个尽情施展才华的舞台。有的人也许一生都没有找到适合自己的舞台；有的人获得了，那是一种幸运。

虽然这种风格并不是最适合鲁豫的，却在潜移默化中给了她一种历练。现在，屏幕上侃侃说新闻的鲁豫，沉稳而笃定，不紧不慢，言语精练却言之有物，那是一种用自信来打底的从容。"凤凰早班车"可说是中国众多电视频道中，每天第一个报道最新世界新闻的直播节目，而鲁豫的"说新闻"的主持风格也在众多新闻节目主持人中独树一帜。

不过"成为奥普拉"的这个"野心"，鲁豫从来都没有放弃，在她做娱乐节目时就积聚着，一直到她有了自己的人物访谈节目"鲁豫有约"，才觉得实现这个"野心"总算靠点儿谱了。

开始的"鲁豫有约"就是鲁豫和请来的嘉宾面对面"聊天"，但是这种类型的访谈节目越来越多，"鲁豫有约"急需改版，媒体、鲁豫的制作团队甚至鲁豫本人在这个变革的关键时刻，几乎一致把目标瞄向了奥普拉·温芙蕾——美国著名的"脱口秀女王"。

主持"鲁豫有约"的几年中，鲁豫倾听了近200个人的故事，成了一个很"富有"的人，也更坚信了自己的确

是一个很好的"倾听者"。当年,鲁豫发现自己这个"优点",是因为女伴们总爱把自己的一些隐秘的事情讲给她听,通常抱着电话一讲就是一个通宵,经常是她都睡醒了一觉,对方还兴致很高并且滔滔不绝。

"鲁豫有约"采访过很多人,对此,鲁豫说:"一个人是什么样的,更多的应该是天生的。听别人的故事,不能改变他本来的样子。这几年我的状态,几乎就是一个倾听者。如果一定要说那些故事和讲故事的人改变了我什么,我觉得就是一句话——人生其实没什么过不去的!"

奥普拉的风格是那种你一看到,就会觉得有一股强大的电流从头顶直灌脚底的感觉。但看到鲁豫,你绝对不会想到疯狂,你大概只是想一下子安静下来,因为她从来不是那种很夸张的人。鲁豫很随和,就算同时面对着200多名现场嘉宾也是一样,她并不太喜欢热闹,她说:"我有时会有意不太考虑现场嘉宾的存在,我希望他们安静地和我一起听,不需要太多的反应!"

虽然鲁豫很羡慕奥普拉,想知道她的魔力究竟在哪儿,但是,鲁豫还是只想做她自己,因为她知道,不是谁想成为谁就能成为谁;成为谁也不见得就是件幸福的事!每个人的成长过程就是自身不断完善和否定的过程。

如果说多年前的鲁豫,只不过是一个在美国整天看电视,无聊玩弄遥控器的普通观众。那么这么多年后的她,已经有了一个最接近奥普拉·温芙蕾脱口秀节目水准、属于自己的节目和制作团队。但鲁豫很明白,尽管所有的人都在说她铆着劲儿想成为东方的"奥普拉",但是她其实只想成为一个更让自己满意的自己。

4. 有梦想,更要有勇气

每个人在一生中都会遇到这样那样的困难和痛苦,它们既可能来自肉体,也可能潜伏在心灵深处,这时候你也许感到自己已经一无所有,只能等待失败与死亡的来临。成大事者却说其实并不尽然,来临的已成现实,而我们却可以选择,只有在精神上屹立、思想上超脱,才可能从绝境中求得一线生机。一个能够在一切事情与他相背时仍然选择坚强的人,必定是一枚非凡的种子,因为这坚强包含着非同一般的因素,它是普通人无法做到的。

5岁的张海迪被医院确诊为患有脊髓血管瘤之后,父母不忍心看着年幼的孩子就这样倒下去、成为残疾人,他们千辛万苦背着张海迪走南闯北,访遍天下名医。医院里的大夫都非常可怜这个聪慧伶俐、才智过人的孩子,只要有一线希望,他们也想尽最大的努力。在北京,医生想给张海迪做脊椎穿刺手术;但见她嫩骨头嫩肉的,又怕她承受不了那份痛苦。把长长的针头刺进骨髓,其痛苦是可想而知的,意志薄弱的成年人也忍受不住,何况一个娇嫩的

孩子!

面对大夫的犹豫不决和父母的举棋不定,张海迪却张着小嘴坚定地说:"阿姨、叔叔,不要紧,扎针我不怕,挨刀我也不怕,您把我的病治好吧,长大了,我要当舞蹈演员,当运动员……"见小姑娘这般刚强,在场的人,鼻子都酸酸的。多好的孩子啊,多么刚强的姑娘啊!

脊椎穿刺手术开始了。细细的长长的针,穿过张海迪的皮肤直刺她的脊髓。针尖每前进一分,张海迪的身子都要像触电似的猛地抽搐一下。蛇咬蝎螫般的痛啊,扯肝掏胆般的痛啊,张海迪咬着嘴唇,额头上滚着豆粒般的汗珠。大夫的手颤抖着,进针的速度慢了。张海迪却喊着:"阿姨,您扎呀!您扎!您扎呀!"站在一边的妈妈毛骨悚然,针扎在女儿身上,却似穿着她的脊髓,她不忍看这情景,慌忙跑到门外,独自压抑着痛苦的呜咽。"妈妈,您干嘛呀?您别哭,我不痛,一点也不痛。"小海迪勉强咧开嘴微笑了一下。见此情景,妈妈用袖口抹抹发红的眼睛,脸上也不自然地露出了笑容。

少年时代无数次治疗的尝试,尽管没有从根本上解决张海迪的病痛,但在战胜一次次折磨的过程中,张海迪学会了在病痛来临的时候选择坚强,这已成为她人生的宝贵财富。当你尝试着选择坚强、面对光明,阴影就会逐渐离你而去。一个在身处困境时仍能够从能做到的事情出发、保持良好精神状态的人,比那些一遇到挫折就灰心丧气的人更容易取得成功。

张海迪知道自己的身体条件是无法与别人相比的,又加上经常身受病痛的折磨，从时间上来说也无法保证，因此要想有一番作为，使自己的人生变得充实、丰富，就必须利用一切机会充分发挥自己的优势，坚持不懈地挖掘其他人不具备的成功因素。在某一点上的不足，并不等于自己一无是处。只要你能够紧紧地抓住一点，就可能以点带面、以面促点地获得总体突破的机会。

张海迪家原有三个大书架，里面被书塞得满满当当的。为了防止引起不必要的麻烦，海迪的父亲将它们廉价卖给了废品站。正处于求知高峰期的张海迪从妹妹那儿得知，在楼梯洞子里堆满了大量的抄家抄来的书籍时，不由得怦然心动。

一天，妹妹小雪从学校回来了，张海迪喊住了她："妹妹，帮姐姐个忙，到楼底下给我'偷'本小说来。"

小雪勉强答应了，妹妹刚到家，张海迪就急不可待地叫妹妹从裤腰里抽出书，她接过来一看，一本是《林海雪原》，一本是《苦菜花》。以后，小雪又数次"出击"，为姐姐"偷"来了各种各样的书，有文艺的、有科学的、有中国的、也有外国的……

当自身的条件不如别人的时候，要想有一番作为，更要努力挖掘其他人不具备的成功素质，以求找到突破的机会。当普通人认为书籍是"乌七八糟"的东西时，张海迪却千方百计地寻找着它们。

当有些人正忙于清理"垃圾"时，张海迪却徜徉在知识的海洋里。重病缠身的张海迪根本就没有条件像正常人一样跨进学校的大门，但她具备在当时的条件下许多普通

人没有的素质：渴求知识、热爱书籍。在对知识的追求过程中，张海迪逐渐弥补了未能上学的劣势。她的努力完全是发自内心的，是一种自觉自愿的行动，它的力量不知要比被动式的读书、求知大多少倍，这也是张海迪能够获得许多正常人也难企及的成就的重要原因。

挫折是每个人的生活中不可避免的，一个人的生活目标越高，就越容易受挫折。挫折对弱者来说是人生的重大危机，而对强者来说则是获得新生的绝好机会，他们会要求自己战胜挫折，把自己锻炼得更加成熟和坚强。如果说生命是一把披荆斩棘的"刀"，那么挫折就是一块不可缺少的"砥石"。为了使青春的"刀"更锋利些，有志者应该勇敢地面对挫折的磨炼。

全家人从农村返回莘县县城后，张海迪最想要的就是工作，她盼望能早日成为自食其力的人，但由于身体条件所限，张海迪一直待业在家。为此，她曾给党中央、国务院、省委写信，请求他们关心一下残疾人的生活与工作，可是一封封信都像泥牛入海，一点音讯也没有。张海迪的情绪已经跌入了谷底，特别是当她无意间发现了自己的病历卡，"脊椎胸五节，髓液变性，神经阻断，手术无效"赫然映入眼帘时，正被失业所困扰的张海迪甚至萌发了轻生的念头。

后来在家人的帮助下，张海迪的情绪逐渐稳定了下来。她首先分析了问题的根源：自己绝望的念头是在空虚、闲散、无所事事的情况下产生的。过去在尚楼，怎么会觉得生活是那样充实呢？那时，我的下肢不也是瘫痪的吗？眼下，自己的大脑和双手依然健在，自己有什么理由因躯体的局部残疾而毁掉健全的另一部分呢？她在心中暗暗地发誓："病魔把我变成了残疾，我偏不屈服，干脆就和病魔作对。"

张海迪仔细回顾了自己行医的经历，可以说是热情多于科学。对不少病症的发病原因不甚明了，治好病带有偶然性，治不好囿于盲目性。

她不满足于对确定的病症仅限于针灸治疗，她要下决心学习诊断和药物学。于是，她开始阅读大量的医学专著，她先后读了《针灸学》《人体解剖学》《生理学》《内科学》《外科学总论》《实用儿科学》和《临床医药手册》等几十种医学书籍。

读一般的文学作品易，读专业书难，读医药书籍更难，何况张海迪还是个残疾人。张海迪身体的主要支柱——脊椎，历经了几次大手术，摘除6块椎板，当时已严重弯曲变形，呈英文"S"形。为了减轻脊椎的压力，张海迪看书时，必须将身体俯在桌子上，用双肘支撑起整个身体的重量，久而久之，张海迪的肘关节处起了厚厚的老茧，书桌上的油漆先是脱落，后来竟留下了两个大坑。张海迪艰难地摊开几本医学专用词典、参考书，来回地翻动，几分钟才弄懂一段文字，半天看不完一页书。一步三回头，三步一停留，阅读之艰难，真像登山运动员向主峰进发，每前进一寸，都要调动全身的力量！

为了获得实践经验，张海迪开始解剖动物，做各种生理实验。看见妈妈买回的猪内脏，张海迪就找来了爸爸

的刮脸刀片,一点一点、一丝一丝地切着,研究心、脾、肺、肾的结构,分析胃、胆、肠、胰之间的联系。有好几回,经张海迪之手的猪内脏,都被弄得稀烂一堆,像切碎的肉馅一样。为了弄明白动物肌体的功能,她解剖过活家兔;为了弄清动物的神经效应,她让朋友们捉些滑溜溜的活青蛙作标本。家里每次杀鸡、宰鹅她都不放过机会,亲自用刀解剖,弄得桌上、床上、身上、手上,到处都是血迹。

知识给张海迪插上了翅膀,她在攀登医学高峰的道路上一点点地前进着,张海迪也从失业的绝望中重新站了起来。不久,"张氏医寓"的牌子正式在莘城挂了起来,张海迪那小小的卧室,既是诊断室,又是治疗室,一间十来平方米的房子,常常被挤得水泄不通。

信念是牺牲,是勇气,是永不放弃,而并非侥幸的获得,梦幻的拥有。

首先你需要自我检讨一下,自己对人生的信念是不是缺少了什么。比如你有梦想,也确立了目标,却一直无法实现你的信念。请时刻牢记,信念是需要行动来实现的,行动是需要勇气来实施的。畏缩,是无法让你实现信念的。

不要畏惧你在行动时可能遇到的挑战,事实上我们每个人都有做英雄的潜能,却因为自我怀疑而浪费了这种潜能。其实你是拥有这些品质的,需要的只是有勇气并且能行动起来,使你的信念有发挥的机会,你才能真的有可能实现它们。

作为新世纪的女性,我们也要培养自己的勇气,而且要从小事做起，因为生活是由小事组成的，大信念也是由小信念组成的。能在小事上培养勇气，我们就能拥有对大事采取行动的勇气。

其实信念和勇气都是人的本能，只要留心我们就能感觉到自己具有表现信念和勇气的需要，而这种需要会让我们实现梦想。

5. 女人不要忘记给自己充电

女人要想丰富自己的知识与素养，首先必须有"充电"的意识。如果你不学习，不充电，那么你很快就会落伍。只有随时充实自己，奠定雄厚的实力，就不会被社会所淘汰。因此，无论在何时何地，女人都不要忘记给自己充充电。

时刻充电，增加自己的知识资本。一个缺乏知识和能力的女人，不能为丈夫分担事业上的烦恼和生活上的忧愁，男人们只能在外面拼搏闯荡，而不能在家里倾诉苦闷、放松身心。聪明的女人懂得什么才是避免这类问题的方法——补充知识、提高修养、完善自我。

在封建社会，女人没有知识，社会也无须她们有知识，"女人无才就是德"的俗话给女人的论断做了最好的注脚：那时的女人不重视受教育，而是在家操持家务，承担起照顾全家

的重任。

而在现代,女人不再心甘情意地落在男人的后面,她们要和男人平起平坐,要得到物质和精神的双重独立,并且每一个现代女性都清楚地意识到:要得到独立,依靠的不是漂亮的脸蛋和光鲜的外表,而是丰富的知识和才华,只有努力学习,不断在精神上有所进取,才能成为男人一样的独立的人。

因此,聪明的女人并不满足于相夫教子式的家庭地位,她们更懂得时时充电,不断提升自己的知识和能力,以保持自己的独立地位和人格尊严。

(1)时刻保持"饥饿"意识

一个饥饿的人,会主动地寻找食物。同样,一个对自己工作有"饥饿"意识的人,会主动地充实自己。

对工作积极主动的人,时时会感到"饥饿",他们不满足于现有的成绩,时刻想着超越自己,追求更高的职位。他们总在寻找机会充电、学习,他们总是充满激情地工作,为了下一刻可能获得的成绩而努力。

任何人对于自己想要的事情,在达成之前都会花很多时间去做各种努力,但是有很多人往往取得初步成就后,就抱着"守成"的观念,不肯再前进一步了。已经取得的成就占满了他们的内心,有种"饱"的错觉。所以,要想取得更大的成就,就必须学会忘记过去,忘记曾经取得的成绩,让自己时刻保持"饥饿"感。

终身学习是信息时代的要求。时尚白领不一定各方面都做到最好,但却应该善于学习,以发挥潜能、提升自我。对于白领女性来说,工作后再学习是一种消费,更是一种投资,这种消费和投资有很大一部分是用来充实自己，完善自己，为自己增加实力。

（2）要想升职，先让自己"增值"

微软招聘时，颇为青睐一种"聪明人"。这种"聪明人"，并非在招聘时就已是某一方面的专家，而是一个积极进取的"学习快手"——一个会在短时间内主动学习更多与工作有关的知识和积极提高自身技能的人。

微软的这一选择标准实在是高明之极。当今世界日新月异，车子、房子，一切事物都会不断折旧。在充满变数的职场中，员工赖以生存的知识、技能一样也会折旧，而且折旧的速度会越来越快。美国职业专家指出，现在职业半衰期越来越短，所有高薪者若不学习，无须5年就会变成低薪。在这种情况下，你若固守着原有的知识储备，去争取升职加薪，只能是痴心妄想。

如果你不注重学习，你的身价也会迅速贬值。所谓不进则退，到头来，为了公司的利益，一度欣赏你的老板也会舍你而去。因此，如果你的理想是攀上职业生涯的顶峰，如果你希望在目前位置上获得良好的声誉，那么，你在下班后、闲暇时，走进教室，赴一场知识的盛宴吧！

假如你目前的事业进展缓慢，或正走下坡路，这就向你敲响了"学习"的警钟。此时的当务之急就是多学习一些实用技能，或者把一度荒废的学业捡起来，这些硬件会增加你的"分量"。一旦有机会，它就会成为你升职加薪的秘密武器。

（3）寻找适合自己的充电方式

人们常说：处处留心皆学问。这可一点不假。如果你热爱

自己的工作,你想学习,那么你随时都可以在身边发现值得学习的东西,而且是最有用的、最适合你职业选择的充电内容。

所以,无论是拿出专门时间去深造,还是在工作实践中不断学习,通过基础知识与后续坚持不懈的努力相结合:都能使那些有心的职业女性适应不断变化的环境,最终会拥有纵横职场的能力。

当前是一个信息爆炸、知识更新飞快的时代,女人必须适应这种日新月异的变化,在日常工作中,许多环节都需要运用新知识、新信息,才能更有实效地完成任务。因此,女人必须时刻走在时代前列,耳聪目明,博闻强记,不断充实自己,要通过学习各种知识武装自己的头脑,做到"养兵千日,用兵一时"。

6. 漂亮的女人成功有"捷径"

有容貌的女人是幸福的。的确,漂亮在女人成功的路上起到了十分重要的作用,甚至成为一些女人的"法宝"。

常言道:"姿色是女人的事业。"漂亮女人的成功是有捷径的,因此,聪明的女人要懂得在你的容貌修饰上下足工夫,也是挖掘自身优势来助自己成功的一种不可或缺的资源。心理学家说过:"男人的成功一般是通过实际的竞争取得的,而女人的成功则往往是通过交际网络取得的。"漂亮的女人能够给人良好的第一印象,在社会交往中给人的印象更加深刻,也能较快博得人们的好感。在公关行业中,漂亮女人的优势更加明显。

荣获国际公关大奖的朱艳艳,就是一位漂亮女人。我们来看看她是怎样利用她的女人优势来创富的。

很多年轻的女孩子刚刚进入职场的时候,23岁的朱艳艳已经是兰生大酒店的公关部经理了。她算得上是中国改革开放以后第一批在本土成长起来的公关人才,当时的她对自己所扮演的角色还有些懵懂。每天都是在忙碌中度过的,比如说要把中国文化介绍给外国客人,圣诞节的时候举办餐会,举办各种新闻发布会,工作的跨度很大,从举办各类宴会到媒体联络,从企业关系维护到政府关系,几年的历练带给朱艳艳的除了成熟和自信外,还有一张无所不包的关系网。

各类媒体里,她拥有一大帮记者编辑朋友,娱乐、经济、体育记者一应俱全,办宴会展会,她的人脉资源可以一直从主持人、明星延伸到诸如食物安排之类的所有细节,还有政府部门上上下下的工作人员,朱艳艳也都混了个脸热。人生中的第一份工作,无疑为朱艳艳打开了一扇门,也为她积累了第一桶金——人脉的无形资产。

不过真正体会到人脉资源的价值,还是源于一件小事。当时有一个朋友在策划一个记者招待会,发布新闻,但是他自己和媒体不熟悉,就找人帮忙联系相关的记者。朱艳艳说,这是她第一次强烈感受到市场对于公关服务的

需求,有需求就有市场,这令她萌发了创业的念头。而20世纪80年代中期,处于市场转型期的上海,甚至没几个人知道公关是什么,以至于当她在工商局办理工商登记的时候,工作人员要求给公共关系公司改个名字,理由就是从来没看到过。不过在她的坚持下,上海最早的本土公关公司之一——"视点公关公司"就这样上马了。

创业的初期总是难熬的。公司一共几个员工,每天的工作就是寻找客户。一开始是查黄页,打电话给4A广告公司,还有一些潜在的客户,或者干脆到他们公司去。但是很快就发现,收效甚微。这些公司如果没有预算,没有相关的活动经费,是根本不会考虑你的任何建议的。而且对于不知根不知底的公司,客户不敢用你。残酷的现实让朱艳艳明白了熟人介绍的重要性。后来的第一个转机发生在1996年。朱艳艳的一个朋友在一家美资的自来水管公司工作。这个朋友告诉她,公司需要做些媒体公关,但是没有太多的预算。直觉告诉她这是一个机会。虽然只是写写新闻发布稿、和媒体记者联络的简单活儿,朱艳艳还是十二万分用心地去经营,不放弃任何给别人留下好印象的机会。

第二年,朱艳艳争取到了第二个客户。当时哈根达斯推出最早的冰激凌月饼,然后把广告业务部分交给一家4A广告公司全权负责。不过在当时外资的广告公司和国内的媒体少有交情,于是就自然而然想起了朱艳艳,把这部分的业务转分包给她。依靠媒体关系这笔独特的资源,她尝试最大限度地挖掘其中的潜力。几次小试牛刀后,公司逐渐步入了正轨。被朱艳艳称为转折点的客户是美国的家用电器巨头惠而浦。外国公司对公共关系是非常重视的，而且也有请公关公司服务的习惯。当时惠而浦进入中国市场没几年，几乎是一年换一家公关公司，但一直没有找到一家满意的公司。1997年年底，眼看着上一家公关公司的合约即将到期，朱艳艳的一位在惠而浦工作的朋友向老板引见了她。

对这次期待已久的见面，朱艳艳做了充分的准备。短短的十几分钟内，她行云流水般的讲述恰到好处地解释了公司能为惠而浦提供的服务。老板随即拍板，OK，就用你们吧！

之后就一发不可收拾了。联合利华旗下的诸多品牌，比如力士、多芬、奥妙，还有其他世界500强公司像三菱电机、通用磨坊等，都成了朱艳艳的客户，而且最令她骄傲的是，这些客户的忠诚度极高，至少到现在还没有炒她鱿鱼的。而随着经验的成熟，她们的业务也从原来简单的媒体联系，发展到策划活动、政府关系和公共事务、社区关系、危机公关、全球新闻发言人等。

依靠2001年一手策划奥妙新妈妈大赛，朱艳艳还成了首位获得国际"金鹅毛笔"奖的中国公关人。这让朱艳艳走上了事业的另一个高峰。

"美女经济"正在成为现实中一个让人避无可避的词汇不断出现。甚至有公司喊出了"打造成中国美女经济的第一品牌，成为美女经济海洋中扬帆远航的航空母舰"的口号。漂亮

女人,一次上镜、一个广告、一次表演,都能带来滚滚的财富。在模特、影视媒体业,漂亮女人的价值就尤为突出。漂亮女人在职场打扮要得体、有个性,这样才能更加突出自己的独特气质,才能使自己有更大的赚钱资本。

7. 个性是女人的名片

个性色彩强烈的女性,常具有一种震撼人心的魅力,这是因为她常能掀起心灵的风暴,从风度、气质上表达丰富的内心世界和深层的吸引力。她们大多具有很强的自尊心、自信心和进取心。

特殊的个性,会造就一个女人的独特魅力,这种魅力会使你有别于其他人,独树一帜。你的个性是通过言行举止、衣着打扮表现出来的,也可通过你独特的行事作风和处世原则表现出来,它会形成一种气质、一种风度。它会帮助你在人群中自然而然地凸现自己,为人们所认识;在无形之中也会对别人产生某种影响力,激发别人对你的信心和兴趣,你也可能因而吸引到一大批的奉同道合者,共创美好的事业。从这些意义上讲,个性是一种力量,更是一种资产。

一个有个性有魅力的女人,自身有独到的吸引人之处,能更好地处理人际关系从而赢得人们与社会的尊重。这样的女人无论是在工作上还是在生意场上,都能获得最大的成功。

2006年胡润女富豪榜以5亿元排行第48位的谭海音，就是一个个性与魅力兼备的女人，她平和、宽容、真诚、坦率，她做易趣CEO，兼具时尚与沉稳，做得信心十足，底蕴十足，赢得同行与属下许多的夸赞。

谭海音是麦肯锡咨询公司雇用的中国首名本科咨询员，哈佛大学的MBA。她在麦肯锡干了3年，全球也跑了不少地方，独立地做了很多事，后来她发觉自己做一颗永不生锈的螺丝钉，这时自己觉得该读书了。1997年，她考取哈佛的MBA。麦肯锡咨询公司给了她9万美元的资助，但前提是读完书后至少还得回原公司工作两年。毕业后的谭海音希望在事业上能有新的东西，她喜欢开拓新的行业、接受新的挑战，她决定回国独立创业，这就是她的独特个性，她宁愿背负着9万美元的债务，也勇于顶着压力离开麦肯锡咨询公司。

压力也是动力。

她后来说："但我还是要做我想做的事，我相信凭自己的能力肯定能还这个债。"

回国后的谭海音与同学邵亦波一起创业做网站。当时国内互联网行业机会非常多，但游戏规则尚未建立，风险也很大。"但对我们这些不怕输，不怕挑战，愿意在模糊不清环境里工作的人，这却是很有吸引力的事情。"有个性的谭海音说。做易趣，做拍卖网站。从1999年8月18日易趣开通至今，已有350万名注册用户，累计登录商品逾2000万件，线上交易量总计达7.8亿元人民币。现在易趣

"每4秒就有1件新登商品,每2秒就有1个买家出价,每5秒就有1件商品成功卖出"。易趣网已成为全球最大的中文网上交易平台。2002年3月,易趣吸引了世界最成功的电子商务公司eBay的3000万美元的投资,并与其结成战略合作伙伴关系。2005年,eBay对易趣网追加15亿美元的投资,易趣取得了非常大的成功,谭海音的个性与魅力也为她带来了巨大的金钱与人缘财富。

"易趣最高管理层有着中西结合的优势:海音是公司的文化中枢,我是头脑中枢。"这是董事长邵亦波对易趣管理团队的评价。

很难想象谭海音板起面孔教训别人是一副什么样子,她给人更多的感觉是平和温婉,很关切别人的情绪,而且与员工之间非常平等。谭海音很注重和员工的沟通方式,更希望通过自己的言行证明自己的能力。她不愿意把自己弄得很严肃很凶。这个行业是需要热情与创新的,管理得太严格了,会挫伤大家的感情和积极性。

在易趣,员工有事可以直接找董事长和执行总裁去谈。开会的时候,也没有繁文缛节,没有正襟危坐,只有开诚布公。

谭海音说:"在企业管理上,互联网企业与饼干厂没有什么区别,企业做大后,即到了40~50人规模后,都应有一整套正规的管理体系。"国内许多网络企业的发展也印证了这一点。只有专业的管理者才能让企业发展得更健康,而只依赖技术是做不大的。

谁是易趣的老板?谭海音回答说:"所有易趣人都是易趣

的老板,每个人都有股份,但是易趣人的'老板',是我们所有的网友。"

做企业的流程,谭海音是在麦肯锡中学会的,要做人性化加职业化的领导者,不能光靠真诚、鼓舞,需要交流尤其是跨部门的交流,项目是横的,部门是竖的,需要专人负责,流程是企业的骨架,人性是血肉,缺一不可。加上在哈佛商学院也学到很多,谭海音判断事情就有了全局的观点。

谭海音对人真诚,很坦率地把自己的想法告诉别人。易趣的团队是互补的,有时候几个决策人也会为一件事情争论不休,但都是良性的争吵,等到互相理解意见一致,他们就会尽全力去做。工作中她遇到最大的障碍是具体操作不完整、不周到,一件事情实施很重要,所以她做事要看反馈结果。

有一幅画面十分生动地反映了谭海音的管理艺术:"噢,吃冰激凌!"办公室突然响起欢呼声,"海音请大家吃哈根达斯!"行政人员提着塑料口袋轮流分配,啧啧赞叹声不绝于耳,更多时候哈根达斯被避风堂蛋塔所代替,她自己挨个儿发到同事手里。素面朝天、头发微曲的谭海音笑着说:"我要逼着他们去休假,一年两星期,好的工作状态很重要。"

可以说,谭海音的确是一个优秀的女性管理者,在她的身上,我们看到了许多女性管理者的优势,尤其是在发挥女性感情丰富、细腻的优点上,谭海音做得十分出色,这也是她个性与魅力之美所在。

8. 坚韧的女人最美

坚韧是实现梦想，走向成功所必需的基本素质，只有不畏任何挫折、失败和挑战，拥有坚韧的态度和意志力，才能让你的人生之旅充满风雨之后的阳光。

困难其实就是弹簧，你强它就弱，你弱它就强。

成功源于一种理念，一份执着。孙秋萍就是一个凭着执着与韧劲获得了成功的坚强女人。她柔弱的外表下埋藏的是一颗不服输的心与永不言弃的精神。在"生命有限，追求无限"理念的支持下，她一步一个脚印，稳妥而又扎实地向着成功不断前进。

孙秋萍生于1965年，十年动乱没有对她的生活造成太大影响。她像许多人一样，过着平凡而又普通的生活。

1983年，孙秋萍高中毕业，经过熟人介绍，她进了一家企业幼儿园做老师。但这家企业经营状况并不好，到1996年时，幼儿园就被解散了。孙秋萍也因此而失业。

过惯了平稳生活的孙秋萍当时一下子"蒙"了，失业了怎么办呢？自己没有很高的文化，又没有得力的社会关系，这以后的生活怎么安排呢？"屋漏偏遭连夜雨"，孙秋萍失业不久，丈夫也下岗了。家里丧失了经济来源，孩子又在上学，双方父母年事已高，压在孙秋萍夫妇身上的重担更沉重了。

孙秋萍没有灰心，她在家附近的日本料理店找了一份洗碗工的工作，每月工资不到500元！

虽然工资低，但孙秋萍没有抱怨，也没有不满，为了生活，她放下架子，做了一名洗碗工。

孙秋萍只有高中文化，对日语一窍不通。上班第一天，厨师长——日本人金田三郎用日语给她分配工作："把洗完的盘子都拿过来！"孙秋萍莫名其妙，完全不知道他在说什么，当然也就没有把盘子送过去。金田三郎见她没反应，又用日文说了几次。孙秋萍看了他几眼，也不知道他是在跟自己说话，就继续洗自己的盘子。厨师长见她无动于衷，非常生气，把炒菜的勺子往池子里一扔就走了。

后来，在厨房里工作的同事告诉他，厨师长只是让她把盘子拿过来。

孙秋萍十分难堪，她意识到要在这样的环境下工作，不懂日语是行不通的。她在心里暗暗下定决心："一定要把日语学会！"当天下午下班时，她就用刚学会的日语向厨师长告别："下班了，您慢走！"厨师长十分惊讶，随后竖起大拇指，用生硬的汉语对她说："你是一个很努力地中国人，一定会有发展的！"

此后，她便做了生活中的有心人。日本料理店来往的基本都是日本人，为孙秋萍学习日语提供了便利的语言环境。不论是工作，还是休息，她都很用心地听他们说话，

从中学习发音和吐词。没多久，她的日语大有起色。

厨师长知道后，就开始提拔她，并向她传授一些日本料理的烹饪技术。

一个月后，她被调入了后厨，开始真正接触日本料理的做法。在这一年的工作中，她凭着自己的细心与敏感，基本掌握了日本料理的烹饪。她的勤奋与努力也被日本老板看在眼里，没过多久，她被提拔为前厅经理。

2001年底，孙秋萍所在的日本料理店的老板出国劳务，便结束了在中国的料理店生意。孙秋萍又失业了。

此一时，彼一时。这个时候的孙秋萍面对失业，跟5年前的心态完全不一样了！经验就是财富，而她现在已经是一个拥有丰富日本料理店的经营管理经验的业内高手了。

她受聘于长春另一家日本料理店担任店长。可是好景不长，她在实际工作中发现，自己的管理方式与这家料理店家族式管理方式很难融合，于是她毅然辞职离开了。以后她又服务了几家料理店，问题还是没有解决，怎么办呢？是改变自己、随从大流还是自己干呢？

静下心来，孙秋萍那股不服输的劲头又冒了出来，自己干就自己干！"天下无难事，只怕有心人！"

决定自己干后，孙秋萍理清思绪，做了一些简单的准备，向银行贷款20万元，又从亲戚朋友处借来一些钱，开了一家规模约160平方米的日本料理店。

因为有着丰富的管理经验和工作经验，不到一个月，孙秋萍和她的日本料理店在长春就小有名气了。孙秋萍信心满满:"不到一年的时间,就一定能把银行贷款还清!"

命运弄人,2003年4月,孙秋萍和她的日本料理店遭遇了一次巨大的打击——非典爆发了!

非典期间,光顾料理店的客人寥寥无几,即使是周末,店里的顾客也很少。孙秋萍每个月至少要赔3万元。不仅孙秋萍和她的料理店如此惨淡经营,别的饭店情况也差不多,甚至还有些饭店因为承受不起亏损而倒闭了。

为了改变这种状况,孙秋萍伤透了脑筋,她开始计划为各个学校和医院送日本盒饭。有个教授在她的店里订了一份盒饭,为了让老教授吃上热腾腾的饭菜,孙秋萍亲自打车将盒饭送到了教授家里。

老教授十分感动,就将孙秋萍和她的料理店向学生推荐,而孙秋萍打车送饭的事也成了业内美谈。

凭着自己的信誉和真诚,孙秋萍终于挺过了那段困难时期。

注重细节是孙秋萍的一贯作风。她的料理店内,墙壁窗棂一尘不染,连牙签盒里的牙签都摆放得整整齐齐。每天料理店开门前,孙秋萍都要戴上白手套对每个窗棂进行检查。

细节决定成败,对服务和食物都力求做到尽善尽美的孙秋萍和她的料理店在长春越做越红火,很多顾客都慕名而来,而孙秋萍无论多忙,都是笑脸相迎,生意也因此越做越大。

现在,孙秋萍当年开店时借的20万元贷款已经全部还

清,并拥有了近百万元的个人资产。面对成功,孙秋萍更自信了,她说要把自己目前的店铺在现有的基础上扩大一倍,并争取把店开到日本去。

成功的秘诀就是坚持,而且要坚持到底。很多人在走了很长的路之后,却放弃了,他并不知道其实自己和成功只差一步。如果再跨出一步,成功就唾手可得了,因为没跨出这一步,之前的辛苦都白费了。

新世纪的新女性虽然有了很多和男人平起平坐的机会,但面临的困难也相应比男人多,这时候就需要女人的坚韧,能知难而进,坚持到底。成功的人和失败的人最大的不同就在于能不能做到坚持到底。

如果我们自己在挫折之后就对自己产生了怀疑并失去信心,那么我们就已经失败了,因为失去信心意味着无法坚持到底。要记得,做什么事都不可能是轻而易举的,都必须要坚持,成功是需要努力和持之以恒的。女人有女人特有的坚韧,成功的女人做什么事都能坚持到底,都能直面挫折。这样的女人是男人成功的好助手,而且她的坚韧能让自己更美丽。

外在的美貌是短暂的,经不起时间的摧残,只有内在的美是永恒的。坚韧的女人有着坚强和柔韧两种性格,她们坚强地面对挫折,柔韧地面对失败。不仅自己能赢得成功,还可以帮助身边的人。

懈怠的女人是懒惰的,坚韧的女人是勤奋的;懈怠的女人是不自信的,坚韧的女人是自信的;懈怠的女人不会美丽,坚韧的女人美在内心。

第三章 刚刚好的女子，不虚荣不浮躁

淡然生活，做一个刚刚好的女子，不虚荣，不浮躁，知足于清清淡淡的日子，在一杯白水里品岁月悠然，在一羹粗饭中享岁月静好，在一盆碎花中赏美好人生，并深切懂得知足者方能常乐。

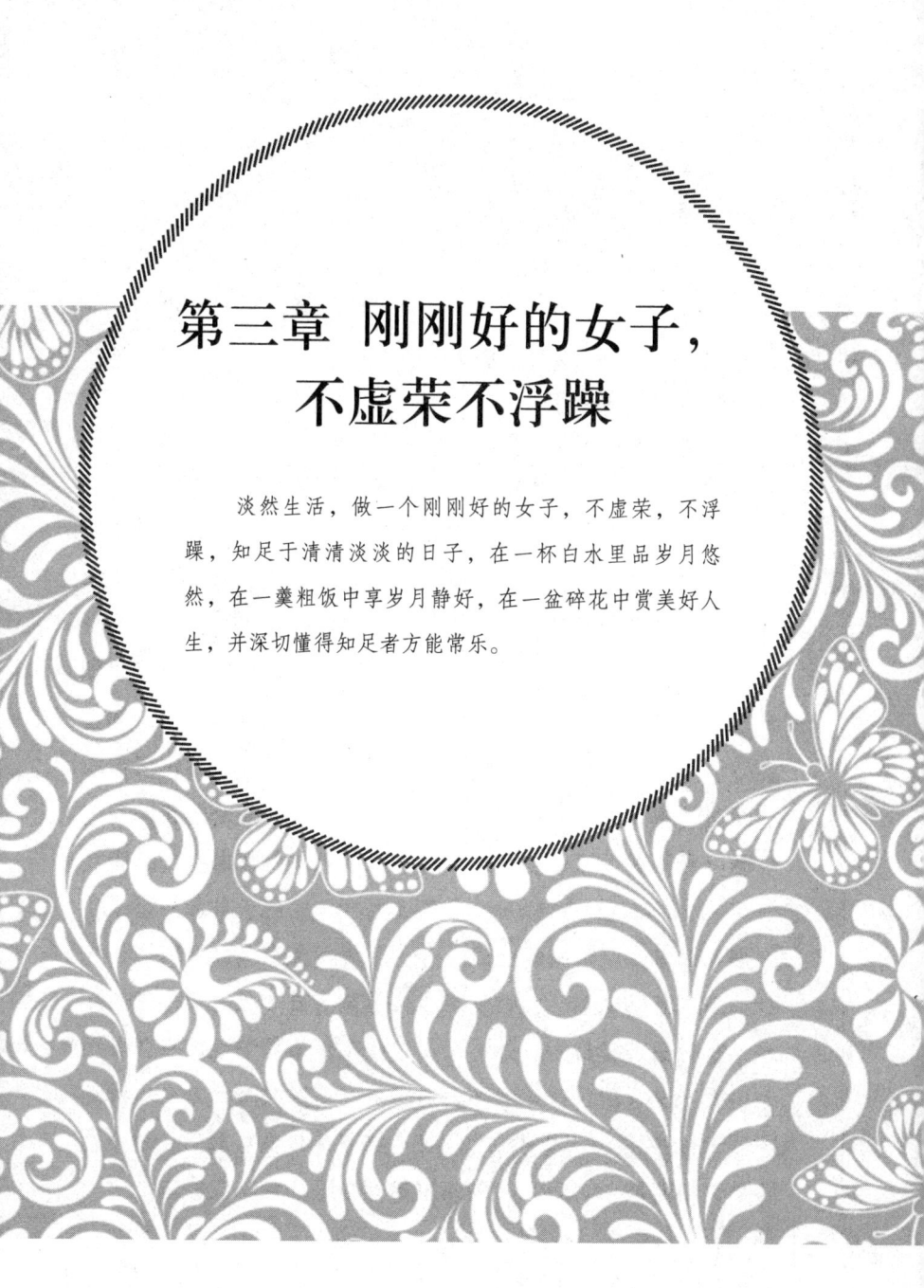

1. 嫉妒是幸福的绊脚石

培根曾说:"在人类的情欲中,嫉妒之情恐怕是最顽强,最持久的了。"

嫉妒,作为人性的弱点,每个人或多或少都有一点。尤其在当今竞争日益激烈的社会,个体之间的差异在交往中更加突出的时代,人们的嫉妒心理也就有了广阔的土壤。日本学者摩武侈曾说过:"所谓嫉妒,就是自己以外的人占了比自己优越的地位,或者是自己宝贵的东西被别人夺取,或将被夺取的时候所产生的感情。"

嫉妒是一种病态心理。觉得别人比自己强,或在某些方面超过了自己,心里就不是滋味,进而产生了一种掺杂着憎恶与羡慕、愤怒与怨恨、猜疑与失望、自卑与虚荣以及伤心与悲痛的复杂情感,这种情感就是嫉妒。

嫉妒者容忍不了别人超过自己,害怕别人得到自己所无法得到的名誉、报酬,或者一切他认为是很好的东西。在他看来,自己办不到的事最好别人也一事无成,自己得不到的东西别人也拥有不了。

据报道,在一个乡村里,发生了好几家人陆续死亡的

事件，公安机关费了一番周折，才将元凶找出来。

原来，这村里有一个中年女人，丈夫离家出走后不再回来。这个女人渐渐对自己的孤独生活和别人家亲情融融的生活对比产生不满，她看不得别人一家人在一起时的那种亲密，竟然妒火中烧，心生歹念，装着帮人家老人小孩做饭，或请别人来家里吃饭的机会，伺机下毒，且是少量慢慢地下，使服者事后慢慢加重病情。这样一个嫉妒心强的女人，一手制造了数起"人在家中坐，祸从天上来"的惨剧。

妒忌是一种心理缺陷。它是由于妒忌者羡慕一种较高的生活，或者是想得到一种较好地位，或者是想获得一种较贵重的东西而产生的。自己不能得到心理的补偿，发现身边的人或站在同样地位的人先得到了，就会产生妒忌。

妒忌这种心理缺陷往往发生在秉性多疑者身上，他们满腹猜疑，总以为各种烦恼和困境是别人有意加于他们的。妒忌心理，往往自爱的成分多于爱人。妒忌者往往缺乏自知之明。个人主义是引起妒忌的根源，大凡好妒忌的人，多是私心重的人。他们不能容忍别人超过自己，害怕别人夺了他的名誉、地位，有损他的一己之利。因此，和他距离越近的人，越容易引起他的妒忌。妒忌心的本质是突出"我"，这类人，总是希望"我"最好，别人都不如"我"，他的精神世界里除了自我满足以外，再也容不得任何别人的存在。总之，产生妒忌的思想根源是个人主义，是自私心理的一种表现。

要克服妒忌心理，尝试一下以下方法可能会大有益处。

（1）胸怀大度，宽厚待人

19世纪初，肖邦从波兰流亡到巴黎。当时匈牙利钢琴家李斯特已蜚声乐坛，肖邦还是一个默默无闻的小人物，然而李斯特对肖邦的才华却深为赞赏。怎样才能使肖邦在观众面前赢得声誉呢？李斯特想了一个妙法：那时候在演奏钢琴时，往往要把剧场的灯熄灭，以便使观众能够聚精会神地听演奏。李斯特坐在钢琴面前，当灯一灭，就悄悄地让肖邦过来代替自己演奏。观众被美妙的钢琴演奏征服了。演奏完毕，灯亮了。人们既为出现了这位钢琴演奏的新星而高兴，又对李斯特推荐新秀深表钦佩。

（2）自知之明，客观评价自己

当嫉妒心理萌发时，或是有一定表现时，能够积极主动地调整自己的意识和行动，从而控制自己的动机和感情。这就需要冷静地分析自己的想法和行为，同时客观地评价一下自己，从而找出一定的差距和问题。当认清了自己后，再评价别人，自然也就能够有所觉悟了。

（3）快乐之药可以治疗嫉妒

快乐之药可以治疗嫉妒，是说要善于从生活中寻找快乐，就像嫉妒者随时随地为自己寻找痛苦一样。如果一个人总是想：比起别人可能得到的欢乐来，我的那一点快乐算得了什么呢？那么他就会永远陷于痛苦之中，陷于嫉妒之中。快乐是一种情绪心理，嫉妒也是一种情绪心理。

（4）少一分虚荣心

虚荣心是一种扭曲了的自尊心。自尊心追求的是真实的荣誉，而虚荣心追求的是虚假的荣誉。嫉妒心理主要是爱面子，

不愿意别人超过自己，以贬低别人来抬高自己，正是一种虚荣，一种空虚心理的需要。单纯的虚荣心与嫉妒心理相比，还是比较好克服的，而两者又紧密联系，所以克服一分虚荣心就少一分嫉妒。

（5）自我抑制，自我宣泄

自我抑制，是治疗嫉妒心理的苦药；自我宣泄，是治疗嫉妒心理的特效药。嫉妒心理是一种痛苦的心理，在还没有发展到严重程度时，用各种感情的宣泄来舒缓一下是相当必要的。

2. 做一个无压的轻松女人

人生就像一次旅行，在短短的人生之旅中，谁都希望能抓住每分每秒、掌握成功的契机，但是忙碌的生活经常让人感到压力沉重，长期下来，导致心情郁闷、烦恼丛生。生活其实不用过得那么累，放开胸怀，不追求物质享受，生活简朴、没有包袱的生活一定能心情舒畅。

生活中，常听一些女人喊出这样一句话："生活真是太累了！"。其实，生活本身并不累，它只是按照自然规律、按照它本身的规律在运转。说生活太累的女人都是太笨的女人，是因为自己错误的生活方式，才会让自己活得太累、太辛苦。

感觉生活太累的女人通常都是一些胆小怕事者，她们每说一句话都要考虑别人会怎么看待自己，会不会因为这一句话而伤害某人；每做一件事都要瞻前顾后，生怕因为自己的举动给自己带来不好影响。工作中，对领导、同事小心翼翼，生活中对朋友、邻居万分小心。其实，你的周围有那么多人，而每个人的脾气都不一样，你不可能做到使每个人都满意。即使你样样谨小慎微，还是有人对你有成见。所以只要不违背常情，不失自己的良心，那么挺起胸膛来做人、做事，这样的效果可能很好。

感觉活得太累的女人往往不懂得如何很好地调整自己，每遇不幸之事发生时，她们总是无法乐观地去看待。而且容易对生活产生悲观想法，似乎世界末日就要来临了。哪怕是看电视时看到日本发生了地震，死了许多人，也会紧张得要命，夜里不得安睡，总是疑心地球要爆炸了，说不定哪天自己就上西天了。你说，这不是杞人忧天吗？

总是感觉生活太累的女人，必然看不到生活中光明的一面，更感觉不到生活的乐趣。因为她的时间统统用来盯住自己周围狭小的一点空间，而无暇顾及他事。而且，她的生活是非常被动的，因为她不愿主动去做什么，生怕天上飞鸟的羽毛砸了自己。这样的生活不会是幸福的，更没有快乐可言。

有压力才有动力，所以，压力并不一定就是坏事，也是人生不可缺少的。但是压力过度，人体过于紧张，则会导致肾上腺素分泌过量，从而破坏身体的机能，影响健康。影响女性健康的三种"紧张"症状，一是"身体症状"，如便秘、颈椎病、头痛、腰酸等；二是"行动症状"，如购物依存症、酒精依存症等；三是"精神症状"，如急躁易怒的情绪。紧张，会

使交感神经的作用过强，导致血管收缩，血压上升，同时也会使血流不畅，引起身体发冷。

因此，对于已经习惯于长期处于紧张状态的职业女性而言，你现在需要的是松弛，学习适合自己的放松方式，以此改变应付压力而形成的生活方式，彻底消除健康隐患。

生活的压力来自方方面面，减压的方法也应不拘一格，采取内外兼治的方法最有效。

（1）加强体育锻炼

体育锻炼是减轻压力的有效途径。体育运动不仅能够让血液循环系统运作得更有效率，还能够强化我们的心脏与肺功能，直接地增强肾上腺素的分泌，让整个身体的免疫系统强大起来，从而有更强的"体质"去应付生活中随时可能出现的各种压力。我们可以持之以恒地从事各项运动，特别是做"有氧运动"，例如游泳、跳绳、踩单车、慢跑、急步行走与爬山等。在运动中，我们将体味轻松和忘我的境界，享受大自然的美妙，心灵也会在天地相融中被净化。

（2）消除紧张感

紧张，是一个人的心理因素造成的。世上许多道德家、宗教家等，一味地大力鼓吹"严于律己"的思想，使人们把在压力下生活视为正常，这往往造成身心的紧张。想要踏上成功的道路，首先要消除这种紧张感，达到身心的放松。即使紧张是天生的，也要靠人为的努力舒缓紧张。紧张感不消除，人就难以轻松。

生气、后悔、怨恨、恐惧等，这些情绪很容易产生，但想消除因此而产生的紧张，借由放松而将自己及周围的人导入平和的境界，却是很困难的。

（3）保持宁静

保持宁静，是舒缓心中压力的另一条途径。马卡斯·奥里欧斯认为：

"第一个原则是保持精神不要混乱。第二个原则是要正面观看事物，直到彻底认识清楚。"不要因为事情演变而扰乱了我们的精神，对生活中发生的事始终保持一份沉静很重要。

宁静，既是身外的安静，也是内心的镇静。保持宁静，可以意静守笃，调节身体气血运行的全面平衡，以达到养心健身的良好功效，而且还能全面仔细地考虑问题，有助于处理好周围发生的一切。所以，宁静不仅可以修身养性，也可以调节人的精神。

宁静，可以力戒虚妄，力戒焦虑，力戒急躁，力戒一切烦恼的事，做到心清意静，可以感觉到一般人感觉不到的东西。

宁静是一种调节，一种超脱，一种升华。

（4）恬淡寡欲

恬淡寡欲，不追求名利，也有助于减压。清末的张之洞说："无求便是安心法"，著名作家冰心也认为，"人到无求品位自高"。这些都说明淡泊是一种崇高的境界和心态，是对人生追求在深层次上的定位。

（5）合理调整饮食

要少吃油腻及不易消化的食品，多食新鲜蔬菜和水果，如绿豆芽、菠菜、油菜、橘子、苹果等，及时补充维生素、无机盐及微量元素。

3. 快乐的女人自带光芒

一个快乐的女人知道怎样热爱生活,知道怎样让生命更有意义地度过。快乐的女人生活得有情趣,虽然平凡却有滋有味。快乐的女人拥有一颗爱心,无爱的女人是不会真正快乐起来的。快乐的女人就像一缕春风,给别人带来轻松愉悦。快乐的女人身上有一种无形的光芒,吸引着你走向她。

快乐是幸福生活海洋里激起的美丽浪花;快乐是人生乐曲中振奋人心的音符;快乐,是一种积极向上的人生态度。快乐的女人不用靠华丽的包装去引人注目,她们周身散发出的自然的快乐气息就是最诱人的味道,让人流连忘返。

快乐是精神的潇洒、个性的超脱、心灵的升华。快乐的女人是最美的!

一个城市女孩,穿了一条白底碎花的新裙子,高兴得跑去给人看。不慎,新裙子染了一滴墨水——尽管它很小很小,但裙子是女孩的心爱之物,那滴墨水使她心里疙疙瘩瘩的。因为那女孩老是想着裙子上那滴该死的墨水,便郁郁寡欢。渐渐,那滴墨水抵消了她对裙子的爱。之后,它就被弃之一边了。

学校放暑假,那女孩跟父亲的工作组到乡村扶贫,还把她那条因染墨而不穿了的裙子也带了去。后来，那女孩把那条白底碎花的裙子送给了一个乡村女孩，这个乡村女孩见是条裙子，高兴得手舞足蹈，她可是头一回穿裙子呢！尽管她穿上不合体，但在那乡村女孩眼里，世上再没有比裙子更美的服饰了——她快乐得连裙子的式样和大小都不计较，难道她还注意那滴墨水吗？那乡村女孩快乐至极。

快乐就是如此简单，在痛苦中找寻快乐。珍惜你现在所拥有的一切，因为他们都会给你带来快乐。同是一条裙子，在那个城市女孩眼里，她看到的是裙子上的那滴不起眼的墨水；在那乡村女孩眼里，她却看到了喜之不尽的美。一个人快乐与否，完全取决于他看待事物的角度和衡量事物的标准，看他自己的目光所采撷的是美还是丑。

环顾身边的女人，漂亮的不少，能干的不少，坚强的不少，但她们中间又有多少人生活得快乐呢？不是对生活不满，就是在追求许多东西的过程中丧失了最纯真的快乐。生活给了女人太多的责任、太多的负担以及太多的约束。很多女人常常就习惯地把自己的心囚禁在一个狭小的天地里，于是琐碎、烦恼、苦闷、忧郁随之而来。一个愁容满面的女人在任何时候都不会美丽动人的。

快乐的女人是可爱而美丽的，快乐的女人是温柔而善良的，快乐的女人是妩媚而优雅的，快乐的女人更是幸福的。快乐的女人也许不是出色的女人，但她，却是掌握人生要义的女人。假如一个漂亮的女人不快乐，那么她们的漂亮和能干又有

什么意义？

许多女人在内心深处也都渴望能拥有快乐，但这种快乐往往被她们所承担的社会角色所掩盖。不说工作的压力、岗位的竞争和职位的高低，仅家里的事，就够女人忙活的了。一个女人要扮演多重角色，妻子、母亲、女儿，家里的一日三餐要张罗，丈夫的西装领带要操心，孩子的作业要检查，每天就像一个陀螺一样忙得团团转，可是临到睡觉的时候还是觉得有一大堆事没有做完。

然而，只要你留心，就会发现在这平淡的生活里也处处充满着甜蜜和温馨，你仍然能感受得到快乐，比如在你累的时候细心体贴的丈夫为你送上一杯热茶的时候、下了班推开家门活泼可爱的孩子喊着妈妈扑到你的怀抱的时候、在你的努力和付出得到老板真诚认可的时候、在你遇到困难得到陌生人热心帮助的时候……快乐源于生活，聪明的女人要善于从生活中寻找快乐。

每个女人都会有不顺的时候，试着在最不开心和失败时对自己说："这是最糟糕的了，不会再有比这更倒霉的事发生了。"既然"最糟糕的事"都已经发生了，还有什么可怕的呢？既然已经到了最低谷，那么以后就该顺利了。

寻找快乐，就不可专注于负面的情绪，不要总是提醒自己："这事上次没做好，这次千万不要再出差错""这段路总是出交通事故"等等，否则，只会使心里更紧张，懂得快乐的人就会避免用失败的教训来提醒自己，而常用一些积极性的暗示，比如"这事我最拿手，一定会做好""经过这段路时应该减慢速度"等等；这种积极的暗示，比起向自己强调负面结果要好得多。

总之，要做一个快乐女人并不难，因为快乐不需要任何庸俗的东西来做载体，只要你是个有心人。快乐的女人也许钱不多，没有闲暇、闲情，但她会用心智来创造愉悦和激情。

4. 永远保持一份好心情

心情是心田的庄稼。只要心脏在跳动，心情就播种着，活跃着，生长着，更迭着，强有力地制约着我们的生存状态。可能没有爱情，没有自由，没有健康，没有金钱，但我们必须有心情。

女人固然美在外表，但更美在气质和风采，要看她是否神采奕奕，充满健康的活力，是否对生活充满热情，内心十分充实，充满了个性的魅力。而要想拥有这些全靠你是否有好心情把它张扬出来。

心情于我们是那样重要。健康与美丽，如若没有一份好心情，犹如沙上建塔，水中捞月，一切都无从谈起。心情与我们形影不离，不，它甚至比影子的追随还要安全得多。光不存在的时候，影子就藏在深深的黑暗中了。只有心情牢牢黏附在胸膛最隐秘的地方，坚定不移地陪伴着我们。快乐的人，在黑夜中也会绽出笑容；凄苦的人，即使睡着了，梦中也滴泪。

马里兰州汤生市的玛格丽特·柯妮女士,一天早上醒来,发现她刚刚装修好的地下室被水淹了,她惊慌得不知所措。

她说:"我第一个反应,是想坐下来大哭一场,为自己的损失号啕。但是,我没有这样,我问自己,最坏的情形会怎样?"

答案很简单:"家具可能全泡坏了,嵌板可能给泡得弯曲不平,还留下水渍,地毯也报销了,而保险公司可能不会赔偿这些。"

"第二,我问自己,我能做什么来减轻灾情?我先叫孩子把所有可以拿得动的家具搬到没有水的车房里去。我向保险公司经纪人报告,并且用电话请地毯清洁工带吸尘器来。然后我和孩子向邻居借了几台除湿机,使地下室能加速干燥。等到我丈夫下班回家的时候,一切都已经整理就绪了。"

"我考虑了可能发生的最坏情形,想出怎样做些补救,然后动手忙起来,做了我必须做的事。我根本没有时间忧虑。当做完这一切时,我的心里轻松多了。"

常常听到这句话:"想想你自己的幸福。"是的,如果数数我们的幸福,大约有90%的事还不错,只有10%不太好。

如果我们要快乐,就要多想想90%的好,而不要去理会那10%。

其实,即使那所谓10%的不好,大部分还是由于自己想象的。如果能突破自己心灵的禁锢,又可以收获不少快乐。

心灵就是一座炼金的熔炉，快乐就在其中，只要将其熔炼，快乐就会闪闪发光。如果你渴望健康和美丽，如果你珍惜生命中的每一寸光阴，如果你愿为这个世界增添晴朗和欢乐，如果你即使倒下也面对太阳，那么，请锻造心情。它宁静而坚定，像火山爆发后凝固的岩浆，充满海绵状的孔隙却坚硬无比，它可以蕴涵人生的苦难，但不会被苦难所击退；它感应快乐的时候如丝如弦，体味人们的每一分感动；它凝重时如锚如链，风暴中使巨轮安稳如盘。它在一次次精彩的淬火中，失去的是杂质，获得的是坚韧。它延展着，包容着，背负着我们裸露的神经，保卫着我们精神的海洋与天空；它是蓝色澄清的内心疆域，在那里栖息着我们永不疲倦的灵魂。

5. 欲望越小的女人越幸福

老子在《道德经》中说："祸莫大于不知足。"知足者才能常乐。现实生活中，许多女人理解知足常乐的含义，却未必能做到，她们认为拥有的越多，也就越幸福、越快乐，但是她们忘了这样一个道理："欲望越小，人生才越幸福。"

其实，满足欲望，是人与生俱来的本能，也是无可厚非的事情，但是，无休止地追求、无限制地满足，对人就是一种伤害。有的女人已经拥有了很多，却仍然盯着自己还没有的那些身外之物，就这样拼命地追求、索取，根本无暇享受生活，也

无从感受幸福。

对于一个人来说，能力与精力都是十分有限的，环境决定你该如此的时候，而你却好高骛远，非要达到你所不能达到的预期目标。在这个时候，你只会给自己寻来无尽的烦恼，而没有快乐可言了。因此，在这个时候如果你懂得知足常乐，放弃那些不切实际的"一步登天"的痴想，那么你心中的重负就会消失。同时你也会感到身体轻盈，心灵轻松，精气神自然就会光临你的心坎，你会变得脸上荡漾着笑容的涟漪，你会看到人生的一切是如此的纯净与美好。

有一个女人，她很漂亮，有很多男人追求她，但她却嫁给了平凡的教师。丈夫对她宠爱有加，包容她的任性和坏脾气，几乎包揽了所有的家务。因为他爱她。

日子很平常地过着，他们的工资除了交房子贷款和日常开销，常常所剩无几。女人没有多余的钱买化妆品和时装，也没有多余的钱去维持少女时代的浪漫。

她的心里渐渐滋生了不满，看到别的女同学住的房子越来越大，衣服越来越时髦，她的虚荣心滋长了，她想凭自己年轻和美貌应该享受比她们还要好的生活。于是，她借来了同学的衣服和提包，把自己打扮得很光鲜，开着同学的小轿车，来到了舞厅。

在那里，她结识了一位大款。于是，她的生活彻底改变了。每天出入高级宾馆，高档时装一天一换，吃西餐、打高尔夫、开宝马……她觉得这样的日子，才是自己希望得到的。邻居们见了，也都夸她时髦美丽了，出身贫穷家庭的她虚荣心得到了满足。

丈夫知道后,没有吵闹,只是提醒她,只有知足的人才能得到幸福。她却叫嚷道:"这么乏味的生活有什么值得留恋的?"她扔给丈夫一纸离婚书便破门而出,搬到了大款为她买的别墅。

几天后,女人有一次高烧厉害到不能为自己倒杯水时,给大款打电话,大款回答:"我正在开会,你自己打个车吧,去最好的医院,费用我全报。"在车上,司机问她:"你病得这么厉害,都没人陪你吗,谁这么狠心?"她扭过头去,感觉到有一种被忽略的彻骨的寒心。

后来,大款因为生意飞往外地,尽管她望穿秋水,但音讯全无。

这种不明身份的生活给她带来了很大压力。更没想到的是:一年不到,银行却来收别墅了,原来大款的贷款资不抵债。她想回头去找以前的丈夫,可他已有了一个新家。

这个女人的下场,非常值得我们深思。一味地追求物质生活,不知道满足的人,终会为自己的贪婪付出代价。每个人都有自己的不幸,每个人也有自己的幸福。女人往往容易看到别人的幸福,并因此而心理失衡。其实,知足才能常乐,当一个女人珍惜她所拥有的生活时,她更容易得到幸福。

俗话说:"人比人,气死人。"女人容易看到的往往是别人比自己好的地方,并因此心境难平。我们应该先看重自己已拥有的生活,再心平气和去解决问题与不是。对于别人的优

越,你再着急也于事无补,反倒是伤害了自己的身心,有什么好处呢?

对现实和已拥有的不满足,无疑会给你本来已经很沉重的生活再添一重负。如果没有知足常乐的心态,当周围的女人最近添置了什么饰物时,你就会向往,并决心超过她;当某位女同事有了新房子时,你也会在老公面前发牢骚;当邻居的孩子读了什么重点学校时,你也要攀比,让自己的孩子也去上……而当所有的这些不能得到满足时,你就会陷入严重的心理不平衡,或者为了得到它们而忘记做人的基本准则和规范,最后生活变得越加沉重,越加没有情趣,越加感到压抑。

记得有一首歌写得好:"在世上有多少欢笑,能使你快乐永久?试问谁能支配将来永远不必担忧?名和利哪天才足够,能使你满足永久?试问就算拥有了一切,谁又能守住眼前的所有?享受生活,知足是真,因为心灵满足才是真正有福的人啊!"

知足的人才能常乐,平淡的生活才是幸福!人生在世,名利金钱,都是身外之物,我们就是时时刻刻永不停息、永无止境地去追求和索取它,也不会有满足的时候。相反,它还会给你带来无尽的坎坷和烦恼。所以,有许多时候,我们之所以感觉不幸福、不快乐,多半是由于我们的不知足。

罗马哲学家塞尼逊曾说:"人最大的财富,是在于无欲。如果你不能对现有的一切感到满足,那么纵使让你拥有全世界,你也不会幸福的。"事实上人就是如此,永不知足,总觉得别人比自己好,却忽略了过多的欲望是痛苦的根源。知足才是人生中最大的快乐之源,因为人类生命的张力毕竟是有限的，假若欲望无止境，超出人的能力界限，那么失望也必将成为必然。

智者不为自己没有的悲伤而活，却为自己拥有的欢喜而活。学会知足，就是要学会用一种超然物外的心态看待人生。只有知足的人，才会永远地微笑着面对生活，在他的眼里世界上没有解决不了的问题，没有跨不过去的坎，他们会为自己寻找合适的台阶，而绝不会庸人自扰。知足的人更是快乐的人，他不以物喜，不以己悲，不做世间功利的奴隶，也不为凡尘中各种搅扰、牵累、烦恼所左右，从而使自己的人生不断得以升华。

学会知足，我们才能在当今社会愈演愈烈的物欲横流中，在令人眼花缭乱、目迷神惑的世间百态面前心平气和，做到坚守自己的精神家园，执着追求自己的人生目标；学会知足，才可以使我们的生活多一些光亮，多一份感觉，既不会为过去的得失而后悔，更不会为现在的失意而烦恼。

如果你是一个知足常乐的女人，拥有一份自由职业，没想过要发财，也不追求大富大贵的生活，只希望一家人和和睦睦、平平安安、健健康康，你就会满足于生活的每一天。你会和大多数女人一样，逛逛商店，买几套合体的衣服，把自己打扮得整洁又光鲜；或者，没事时喜欢上上网，和网友聊聊天，说说心中的快乐和烦恼，听听网友们的倾诉；也读读小文章，徜徉在文章真实而感人的情节里……

女人要懂得知足，只有这样，才不会在岁月里走向庸俗。念由心生。心中有快乐，所见皆快乐。心中有幸福，所见皆幸福。一个知足感恩的小女人，见山山笑，见水水笑，这才是一

个女人应该达到的境界。

不知足的女人,总是贪恋太多、要求太多,追求更多的物质享受,想要更舒适的生活。有些时候,她会因得不到贪恋的满足而心情沮丧,快乐也就与她绝缘了。

6. 攀比会拉大女人与幸福的距离

许多对生活不满意的人,总有这样一种心态:别人比我快活!别人有车,我没有;别人有房,我没有;别人月收入上万,我没有!总之,与别人相比,自己永远都是"慢半拍",永远追不上别人的步伐!

正因为看到自己不如别人,我们以为快乐就和自己无缘,这着实是一种错觉。其实,你在生活中感到的不满意和烦恼,正源于我们盲目地和别人攀比,而忘了自己享受自己的生活。"境由心生",只要你真心觉得自己比谁都快活,那么你就的确会如此。

攀比让你得不到快乐,这个道理很简单:现在的你,觉得生活不幸福,羡慕你的上司;当你成了上司还是不满足,又羡慕老板;成了老板,你觉得和李嘉诚相比,自己还是差……就这样,李嘉诚、巴菲特、比尔·盖茨……这些都成了你不快乐的源泉,让你永远在攀比的路上疲于奔命。

有一位母亲，她对自己倒是没有什么奢望，对自己的贫穷也不觉得没面子，但是她对女儿生活在穷困中却感到十分痛苦和羞愧。她很伤心，因为别的女孩子有的东西她女儿却没有，别的女孩子想到哪里去旅游都有父母陪着，甚至还有豪华轿车相送，而她的女儿只能骑自行车或步行。

她说，她漂亮迷人的女儿只能穿廉价的、普通的衣服，而那些根本没有她女儿一半漂亮的女孩子倒可以那么奢侈，戴那么昂贵的首饰，一想到这些她简直伤心极了。她说这个社会真是太残酷了，让她那么漂亮的女儿成天为了生活忙里忙外地工作着，她也应该像别的女孩儿一样过着舒适的生活。

这位母亲总是这样在女儿面前唠叨，最终毒害了女儿的心灵。她教会了女儿鄙视自己贫寒的家庭和低劣的生活环境，女儿也不喜欢自己拥有的任何东西。像她母亲那样，她总是拿自己有限的条件和别人奢华的生活做比较；这位母亲给女儿灌输了满脑子的功利思想：要尽最大的努力嫁给有钱人，这样才能给家里带来金银财宝。

她告诫女儿，一个小伙子不论他多么诚实、勤奋，如果他没有钱，不能让女友享受荣华富贵，那么就不要与他来往，一切都免谈。在她竭尽全力帮女儿物色有钱的男友时，她可能问都没问过那些"有钱人"到底具有什么样的性格和品质。

母亲这样教育的后果就是：这位小姐一点儿也没有年轻人应有的快乐生活。她总是愤世嫉俗，对每件事情都看不顺眼，对自己的处境经常抱怨，对自己拥有的东西也抱无所谓的态度，因为它们总是很廉价、很不体面，没有一个地方合她心意。

攀比就是这样一种变态的心理。在错综复杂、嫉妒横生的心理状态下，"幸福"自然是可望而不可即的。

因为私欲永远没有尽头，所以这个人的人生永远是虚伪而疲累的。由于错误的生活态度，有些人不但忍受着贫穷而拮据生活的折磨，而且还阻碍了自己的发展。他们让自己的嫉妒、羡慕和愚蠢的欲望扼杀了所有的快乐，赶走了所有的幸福。

其实，我们有时候并不缺少舒适的生活，只是很多人不懂得珍惜。生活中的很多人总是看别人的脸色行事，殊不知这样失去了许多本该属于我们自己的快乐。没有一个怀有嫉妒心的人能好好享受到生活的快乐。我们不懂得愉快地享受每天发生在自己身边的趣事，而是去羡慕和嫉妒别人的快乐，因而失去了许多生活的乐趣。

为什么不对自己拥有的平静幸福的生活感到快乐，而要去向往别人的奢华呢？为什么总是去关注富有的邻居而不享受自己的兴趣爱好呢？让我们享受在林间漫步的乐趣吧，让攀比的邪恶思想见鬼去吧！

7. 战胜虚荣，快乐自己

虚荣心是以不恰当的虚假方式保护自己自尊心的一种心理状态。从心理学角度说，这就是扭曲了人的自尊心，它属于人的性格方面的情感特征，同其他情绪的发生一样，虚荣心也取决于人的需要。人的需要是有层次的，但也因个人的性格、气质、理想或目标的不同而显示出差别来。一般而言，虚荣心是与人的自尊心相联系的，虚荣心强的人自尊心也强，要求自己在群体中有较为显耀的位置。越是虚荣心强的人越是需要别人赞美，因为赞美能给他们带来渴望的荣誉和自尊心的满足。一旦他的虚荣心得不到满足，在心理上会处于一种失落、匮乏和紧张的状态，容易造成对他人的对立，引发攻击性和过激性的行为。

虚荣心人人都有，但总体来说，女性的虚荣心比男性强，因为女性比男性的自尊心更强。女人喜欢别人说她年轻、漂亮，尽管她已过不惑之年；女人还热衷于炫耀自己的社会地位以及自己多么富有；女人总是用脂粉之类的东西企图填平岁月留在脸上的沟壑。她们对时尚杂志刊登的化妆品广告趋之若鹜，用钱来包装自己的门面。但这一切总是不能如愿或不尽如人意。女人追求"唯美"的心态，是无可指责的。完美的虚荣，是造物主赐予她们的礼物，她们可以用这礼物保护自己，

但也可以毁灭自己。

《中国式离婚》就是个典型的例子，剧中的女主角林小枫不甘于过平淡的生活，常常鼓励丈夫去外资医院就职，可是当丈夫真的在外资医院当上副院长春风得意、满足了她的虚荣心时，她又开始起疑心，整日疑神疑鬼，唯恐丈夫在外招蜂引蝶。为此，她从一位优秀的小学老师变成了专职家庭主妇，闲暇时间多了下来，她更是把自己的大部分时间用在琢磨自己的丈夫上面，翻手机，掏口袋，挨个儿拨打丈夫手机上的号码，非要揪出一个莫须有的她心中想当然的第三者。于是夫妻间开始了争吵，气病了父母，伤及了孩子，两人的关系也渐渐开始恶化。最后，以两人离婚为结局，林小枫也从此结束了曾经幸福美满的10年婚姻生活。

众所周知，在现实生活中这种虚荣心没有任何实际意义，只会助长一股虚伪的风气，就像假面具舞会，每个人都不以真面目示人。我们不妨想一想，如果每个人都戴着虚荣的面具生活，那么我们又到哪里去找真实呢？保持自我的真性情，不陷于贪欲和相争，这或许不合时宜，但是，应该说这是舍弃虚荣心之人的明智之举。

一般来说，女人可以从以下几方面克服虚荣心。

第一，树立正确的人生观。一个女人的价值如何，不在于她的自我感觉，而在于她行为的社会意义。女人只要树立正确的人生观，具有远大的人生目标，就不会为一般的荣誉、地位和一时的虚荣所缠绕，而是为更高的价值努力奉献。

第二，正确对待荣誉。每个女人都需要成就、威望、名誉、地位和自尊，但这一切都应当与一个女人的真实努力相符。例如，一个女人想要取得的工作业绩，就必须通过自己的努力和认真工作，否则用欺骗手段赢得的"荣誉"是虚假的，不光彩的，这样不仅得不到别人的尊重，还会受到他人的蔑视和否定。

第三，正确对待舆论。女人生活在社会这个大群体之中，总免不了要接受别人的品头论足。但对于舆论，女人要提高辨别是非能力，正确的应当接受，对于不正确的要给予纠正或分析判断，绝不可凡事人云亦云，被舆论左右。

第四，要有自知之明。女人不仅要看到自己的长处和成绩，也要看到自己的短处和不足。只有对自己采取实事求是的态度，才能避免过高地估计自己，从而克服虚荣心理。

8. 保持一份平和的心态

所谓浮躁，就是心浮气躁。可以说，浮躁是成功、幸福和快乐最大的敌人。但是，浮躁却越来越成为社会的主流情绪。尤其是现在的一些年轻人，看到别人"发达""潇洒"就坐不住了，渴望"一夜暴富""一举成名"，不能脚踏实地，耐住性子地想问题。其结果是：在物质和精神都毫无准备的情况下

披挂上阵，轻狂浮夸，好大喜功，情绪烦躁，手忙脚乱，仓促从事，草草收场。

其实，美好的生活源于平和的心态。人生在世，谁都会遇到许多不尽如人意的烦恼事，关键是你要以一份平和的心态去面对这一切。世界总是凡人的世界，生活更是大众的生活。我们在平和的心态中寻找一份希望，驱散心中的阴霾，战胜困难的勇气和信心就会油然而生，我们的心情就会越过眼前的不快而重新变得轻松。平和的心态是一种人生至高的境界，一种对荣誉、金钱、利益的豁达与乐观。

一位母亲在花园里教她5岁的儿子使用剪草机，母子俩正剪得高兴时，电话响了，母亲进屋去接电话。5岁的儿子把剪草机推上了妈妈最心爱的郁金香花圃。母亲出来一看，脸都气青了。这时丈夫走了出来，看见一片狼藉的花园，顿时明白了是怎么回事。他柔声对老婆说："喂，我们人生最大的幸福是养孩子，不是养郁金香。"一句话，使做母亲的不再生气，一切归于平静。

平日里生气、烦恼的时候，我们都该问问自己：我是为了生气才种花的吗？我是为了烦恼才上班的吗？我是为了不快才交朋友的吗？我是为了苦恼才结婚的吗？如此这般，我们在生活里就不会生那些无谓的气了。其实生活的智慧就在于，无论发生了什么，你都能明白自己最想要的、最该珍惜的是什么，是一盆花、一个花园，还是一种快乐、一份情感。如此，你就能抓住生命里最重要的东西，而不会为了生活的细枝末节痛苦；如此，你的人生才会清明开朗、快乐富足。

"今天，你偷了吗？"随着"开心农场"等娱乐游戏风靡互联网，"偷菜"瞬间蹿红网络，席卷网民生活。于是，"你'偷'了吗？"便成为大家见面的招呼语。

自从深陷"开心农场"后，赵雪每天的空余时间都被"偷菜"占据。她随身携带一个小本子，密密麻麻记录着所有好友"菜园"里"蔬菜"的成熟时间，"只要时间一到，不管我当时在干什么，都要想方设法上网收菜、偷菜"。和朋友们KTV聚会，她还惦记着"哪些蔬菜、果实该摘了，谁家的雪莲正在怒放"等；爬山时，也会突然情不自禁摸出手机上网；打麻将时常因惦念"偷菜"分神而出错牌……朋友们都说她已走火入魔，聚会时也不愿再喊她。

"不能再这样下去了！"赵雪也意识到了自己的异常，感觉"偷菜"已像一把无形的枷锁架在自己脖子上，"现在不是我在玩游戏，而是我被游戏给'玩'了。"痛定思痛，赵雪决定戒"偷"，回归现实生活。

"偷菜"已成为涵盖众多人群的一种社会现象。是失落还是寂寞？虚拟的偷菜游戏，为何有如此大的魔力？如此令白领们疯狂、痴迷的"偷"的行为背后，何为导火索，何为燃烧不穷的动力？在这个火热的现象背后，揭示的是人们怎样的社会现状和生存状态？

针对白领们的"偷菜"热，心理咨询师表示，现代都市

中,白领们的生活、工作压力越来越大,借助网络游戏,他们可以将现实中的压力、焦虑、愤怒等负面情绪通过"偷"安全地发泄。心理咨询师的分析不无道理,沉迷"偷菜"就是白领们减轻压力、缓解焦虑的一种方式。

心理专家指出,当前中国人的焦虑情绪已弥漫于社会各个阶层,"偷菜"狂热中反映的正是一种社会性焦虑。所谓"社会性焦虑",是一种广泛的心神不宁,而且不易通过心理调适而化解,很难轻易消退。"社会性焦虑"中,个体焦虑的具体内容未必相同,但总而观之,又有某些共性,细加分析,常常能够从中看到社会的病灶。

平和的心态并非指毫无准备、毫无目的地干事。古语云:山因势而变,水因时而变,人因思而变,思而悟,悟而行,行必高远。思考的过程是因人而异的,心态浮躁的人的思考过程是胡思乱想的过程,心态平和的人的思考过程是深思熟虑的过程。

"宠辱不惊,闲看庭前花开花落;去留无意,漫观天外云展云舒"。只有当心态有了平和而又不失进取的弦音,许多棘手的问题才可以迎刃而解,许多人间的美景才能尽收眼底。做事情三心二意、浅尝辄止,或是东一榔头西一棒槌,既要鱼,又想得熊掌,或是这山望着那山高,耐不得寂寞,静不下心来,稍不如意就轻易放弃,图安逸、避劳神,敷衍塞责,这样的心态,决定了人生的不幸。

人不管到了什么样的年龄,都应该始终保持一颗充满活力的心,一份平和的心态。鲜花和掌声营造的是一种气氛,而在平和的心态中得到的幸福和快乐则是一种持久的感觉。

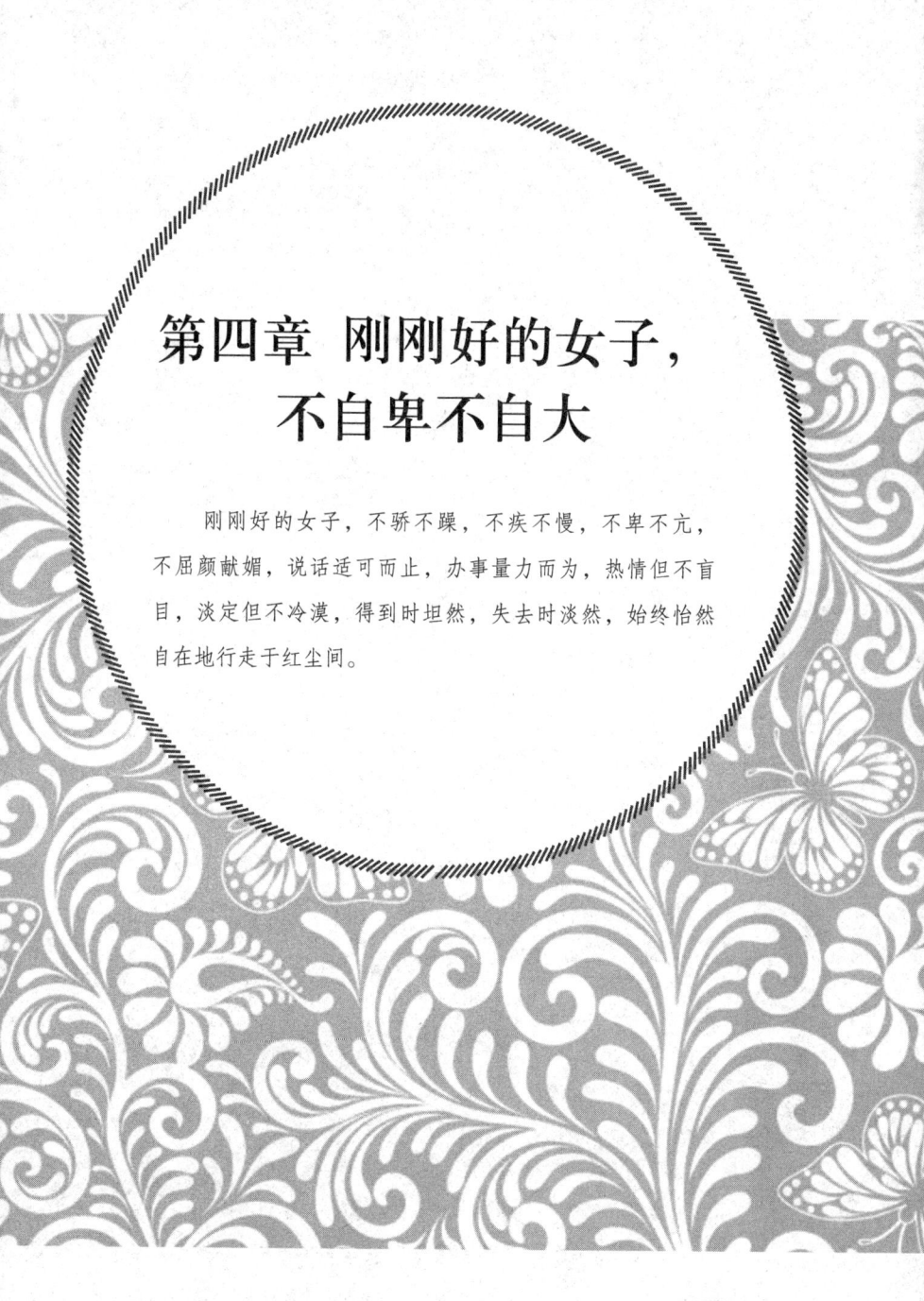

第四章 刚刚好的女子，
　　　不自卑不自大

刚刚好的女子，不骄不躁，不疾不慢，不卑不亢，不屈颜献媚，说话适可而止，办事量力而为，热情但不盲目，淡定但不冷漠，得到时坦然，失去时淡然，始终怡然自在地行走于红尘间。

1. 有了自信，就多了一份美丽

有一种颜色是用画笔描绘不出来的，有一种女人的魅力，是做作和装扮学不出来的，这就是女人的自信。自信是女人身上最耀眼的色彩。只有拥有了自信，昂起高贵的头，女人就已经拥有了一份美丽。

美丽可以说是女人永远不倦的话题，是女人一生执着的梦想。世界上无论何种语言，形容女人的词汇都是一样的丰富多彩。温柔、贤惠、漂亮、可爱、清纯、成熟、婀娜、优雅、娇柔、妩媚、浪漫、热情、有风韵、有气质、有魅力、有内涵……由此也可以说：形容女人的美丽绝没有简单的统一标准。

什么样的女人最美丽，这原本就是仁者见仁、智者见智的问题。因为，有人喜欢骨感有人喜欢丰腴；有人喜欢温柔有人喜欢干练；有人喜欢古典美有人喜欢现代派……可以说，女人的美可以是多愁善感，女人的美也可以是豁达开朗；女人的美可以是温婉贤淑，女人的美也可以是性感张狂……在这众多品质当中，女人的美是多种多样的，但我想说：只有自信的女人才是最美丽的。

做一个刚刚好的女子

阿莲是个总爱低着头的小女孩,她一直觉得自己长得不够漂亮,因为她的额头上有一小块红色的胎记。所以,她从不敢抬头去重视别人投向她的目光。有一天,她到饰品店买了一个红色的蝴蝶结,店主不断赞美她戴上蝴蝶结是多么的漂亮。阿莲虽不信,但是心里却非常高兴,不由地昂起了自己的头,想让大家都看到这个漂亮的蝴蝶结,连出门与人撞了一下都没在意。

阿莲走进教室,迎面碰上了她的老师:"阿莲,你昂起头来真美!"老师爱抚地拍拍她的肩说。

那一天:阿莲得到了许多人的赞美。她想一定是那个美丽的蝴蝶结带给了自己这么多的夸奖,她忍不住站到镜子前面去欣赏自己。可往镜前一照,头上根本就没有蝴蝶结,一定是出饰品店时与人一碰撞时弄丢了。

阿莲意识到,其实并不是自己的蝴蝶结漂亮,而是昂着头走路的自信让她美丽了许多。此后,阿莲的头上虽然没有蝴蝶结,但她从此变成了一个漂亮姑娘。

其实,自信原本就是一种美丽,当你昂着头的时候,你已经把美丽展现了出来。而有些女人却因为太在意外表而失去很多快乐,这又何必呢?

一个女人,无论是贫穷还是富有,无论是美若天仙,还是相貌平平,只要你昂起头来,自信就会使你变得可爱——人人都喜欢的那种可爱。因为自信可以让女人拥有一种特有的气质,一种具有震慑力的向心力。不管你的外表是否真的漂亮,只要你有自信,你就拥有了美丽;只要你有自信,你就拥有了人生的价值；只要你有自信，你就拥有了世界……

记得一位著名的女作家曾经说过："女人，无论何时，都应该像树一样站立。"是的，女人不应该是一根藤，一根只能依靠他物才能生存的藤；女人应该是一棵站立的树，历经狂风暴雨却屹然挺立的树。只有这样的女人，才能享受生活的阳光，才能在风雨人生中吸取更多的养分，并让自己如花般鲜艳夺目。

自信的女人最美丽。有自信的女人总是能坦然地面对社会、面对生活赋予她的一切，甜也好苦也好，悲也好喜也好，痛也好乐也好，都有勇气去承担，即使遇到失败或者残缺的生活，也不会失去努力向好的方面发展的动力。她的自信，让她即使做不到拥有最漂亮的外表，也能拥有最令人折服的内涵。

自信是一种最坚强的内在力量，它能够帮助女人度过最艰难困苦的时期，直到曙光最终出现。信心从未令女人失望，它会使她发现自身的价值和潜能，取得成功。

有一个墨西哥女人和丈夫、孩子一起移民美国，当他们就快到达目的地的时候，她丈夫不告而别，留下她和两个待哺的孩子。

22岁的她先是惆怅了一阵，但看看孩子，她又毅然选择了向前，她相信，只要自己肯努力，一定会摆脱困境。就这样，她带着孩子来到了加州，去了一家墨西哥餐馆里打工，虽然工钱不多，但她还是尽量节约，因为她还有一个梦，那就是开一家墨西哥小吃店，专卖墨西哥肉饼。

有一天，她拿着辛苦攒下来的一笔钱，跑到银行向经

理申请贷款,她说:"我想买下一间房子,经营墨西哥小吃。如果你肯贷款给我,那么我的愿望就能够实现。"

一个陌生的外地女人,没有财产抵押,没有担保人。她自己也不知能否成功。但是幸运的是,银行家佩服她的胆识,决定冒险资助。

她25岁起经营自己的墨西哥肉饼店,经过15年的努力,这间小吃店扩展成为全美最大的墨西哥食品连锁经营店。这个女人就是拉梦娜·巴努宜洛斯,她后来担任过美国财政部长。

这是一份自信带来的成功。自信使她白手起家寻求生路,自信使她有了胆量,自信也给她带来了机会和财富。任何人都会成功,只要你肯定自己、相信自己一定会成功,那么你就能如愿以偿。

古人曾说:"哀莫大于心死,而身死次之。"没有自信的女人是很难成功的,就像没有脊梁骨的人无法站得挺直一样。但是,当你拥有了自信,你就会敢于挑战生活中的困难,敢于超越困境,走向成功的人生。

自信是一种非常宝贵的财富,如果你想做个美丽女人,那么,请昂起你自信的头吧,让自信的微笑时常挂在你的嘴角,相信无论何时何地,你都会成为最美丽动人的女人,成为生活的主角。

2. 面对沮丧你要说"不"

从一般意义上来讲,沮丧是人类的正常现象,但如果长年沉湎在沮丧之中不能自拔,却又习惯把责任一股脑全推给别人的话,那么这样的女人大都是些缺乏勇敢和承担不幸能力的女人。

女人的情感是脆弱的。脆弱得禁不住几声瑟瑟的颤音,眼泪已先湿了自家衣襟;脆弱得捧一片枯叶立窗前听一夜秋雨;脆弱得忘了口红的迷人;脆弱得"不死已知万事空。"

沮丧是比孤独还要凶狠的敌人,它认准了女人的弱点,毫不留情地咬上一口,轻则鲜血淋淋,重则把你的斗志消磨殆尽。

著名心理学家A·阿德勒曾说:"所有失败者——罪犯、酗酒者、自杀者、堕落者、娼妓等等,他们之所以失败,都是因为他们缺乏从属感和社会兴趣,从而对生活产生强烈的沮丧情绪。他们在处理职业、友谊和性等问题时,都不相信这些问题可以用合作的方式加以解决,于是对现实充满失望感。"

一味的沮丧和自怜,不但无助于问题的解决,而且往往会带来更残酷的现实。她本来可以更光彩照人,可如今看起来却无精打采;她本可以获得很好的社会地位,可如今却依照默默无闻。丈夫对她的苦瓜脸已十分不满,孩子也很难在同伴面前

学妈妈的笑,她的沮丧同样传染了家人。

沮丧者自己也大都在各自挣扎,并很想求助于别人,可是孤独和害怕被拒绝的心理使她们往往不敢低首求人。由于自卑,她们也无法正视自己的脆弱,只好披上一件快乐的外衣来掩饰自己。因此,除了丈夫和孩子等家中亲人,周围的人往往无法窥探她们的内心世界,因而也难以给她帮助。

沮丧的心理主要是由于遭受的挫折和坎坷太多造成的,一时对自己失去自信,对前途感到渺茫。强烈的自卑心理,使她们把自己的压抑紧锁心头,不敢释放。同时,由于对失败的惧怕,变本加厉地爱面子,以为这样就可以保存了可怜的自尊。

"树活一张皮,人活一张脸。"面子人人都要的,尤其是女人,有时看的比生命还要重要,但完全为了面子,有时却适得其反,能丢掉更大的面子。

沮丧情绪常常会扩大生活的不幸范围。所以对被持续强烈的沮丧情绪困扰的女人来说,很有必要接受一定的心理治疗,但有些女人又常常不愿意承认自己有心理问题,对心理咨询和治疗持拒绝排斥的态度,这是令很多心理学家更为担忧的。

有的女人在沮丧中开始对他人冷漠,认为这样可以报复别人,其实这样不但无助于消除沮丧,还会进一步损害自己。这样做,无论在肉体上、精神上都将进一步影响自己的情绪,使自己无法坚强地面对现实。从生理学的角度讲,冷冰冰的面孔容易使女人失去宝贵的青春光彩。

在生活中,每个人都会有沮丧的时候,但沮丧并不是不可克服的。拿出勇气改变自己的生活状态,找出引起沮丧的原因并努力设法改变它。

像对待所有其他的不幸后果一样，对于不幸带来的沮丧，我们也不应听之任之、自怨自艾、破罐破摔，而要振作起来，勇敢地面对现实中的一切挫折和困难，而不应让它像草一样在心田中疯长。

沮丧常常扰乱人的心态，使心中的天平失衡。弱者与强者在沮丧的旋律中演奏的都是三部曲，但情况却完全不同。对弱者来说，始而倾斜，继而震颤，弄得不好，最后还可能发生颠倒。然而对强者来说，起先虽然也忐忑不安，但继而就冷静思考，继而奋发进取。

做一个勇敢的女人，对沮丧大声地说"不！"

3. 固执和骄傲，不会给女人带来好运

一个聪明的女人，应该是一个适应性很强的女人，为了不让自己四处碰壁，学习成熟而圆通的处世方式是很重要的。社会并不是一个可以任性的地方，曾经的那些固执而骄傲大小姐的脾气，要学会收敛。

你要使自己受欢迎，给人以和蔼可亲的印象，就得学会运用一种有效而"得民心"的策略，使周围的人对你的谦逊和热情给予充分肯定，然后他们才可能给你提供更多的便利。这样，我们的人生中所遇到的阻力就会小得多，与好运气也会越来越接近。

张欣和罗小梅是公司新来的大学生，两人被安排在同一部门，做同样的工作，在工作能力和工作业绩上也不相上下，但两个人在为人处世方面却有很大不同。

张欣还保留着在学校时的习惯，对同事不是直呼其名，就是小张老王地乱喊。这惹得公司里一些资格很老又有一定职位的同事很不满，他们觉得这个女孩不懂得尊重前辈，十分没有礼貌。更有甚者，在一次聚会中，部门经理当场唱了一首歌，其中有一句跑了调。大家都低着头，若无其事地打着拍子，只有张欣"叽"的一声笑出来，弄得经理唱不是不唱也不是。

当然，一个大男人不能因为这点小事找女孩子的别扭，但是经理考虑到张欣做人不成熟，没分寸，自然不放心让她去见重要客户或者上层领导，倒是一些打杂跑腿的活儿，都派到她的头上。

罗小梅的表现则是另一样，她见谁都恭恭敬敬的，周围的同事有职务的称呼职务，没职务的则喊大哥大姐。她下班以后，看有人没走就会留下来，与人家聊聊天，说说闲话。谁有什么困难，她也会尽力帮助。当然，她也经常向别人求助。

有一次，她来到经理的办公室，说有一件大事，务必请他帮忙。原来她的姑姑身体不好，听说经理的太太是本市内科的权威，想请她好好给检查一下。经理一向是以太太为自豪，这个忙当然是要帮的。过后，罗小梅又去经理家里面谢，关系处得非常融洽。

不久后，公司出现了一个经理助理的空缺，上上下下都一致认为罗小梅是最佳人选，她也顺理成章地坐到这个位子上。

5年之后，当年的新人变成了公司的骨干，可是比起罗小梅来，张欣从职位到薪水都差了一大截，而她自己也心灰意懒，认为自己运气太差，无论如何也比不过罗小梅了。

现在的年轻女性，大都受过良好的教育，底子都不差。但是在漫长的人生历程里，"做人"也是一项非常重要的基本功。如果我们要想在工作生活中顺遂如意，单靠勤勤恳恳地埋头苦干是不够的，来自周围的支持与认可，绝对是一个人最佳的成功助力。

在职业场所如此，在家庭中也是一样。

当一个女人决定和一个男人共同生活时，他的家庭也就变成了她的家庭。与丈夫的家人处得好不好，便成了女人快不快乐的重要因素。很多女人个性太强，虽然心思不坏，但嘴上不肯吃亏。自己家里，本来就有疼爱自己的父母和早已熟络阿姨哥嫂，再把这些可爱称呼奉献给他人，心里就感觉有些别扭。尤其是"爸妈"二字，更是能免则免。这种害羞又强硬的态度，很难让他家里的长辈们把你当成自己的孩子一般心疼。

一些独立的职业女性，可能对此不以为然，她们认为，自己也辛苦赚钱养家，实在没有讨好任何人的必要。其实这种世故却是我们生活的润滑剂，你可以这样想一下：一个人的力量，再强也是有限，尤其是当我们的生活出现一些意外的变故

时——比如生病、失业、老公花心等等,身边的人是帮自己还是打击自己,结果会有多大的不同?

电影圈"唯一的也是永远"的美女林青霞嫁为商人妇之后,在一次访谈中,她非常坦诚地表示:

"结婚初期,真有点适应困难。以前拍电影的时候,所有人的注意力都放在我身上,都在看我的反应,结了婚之后,我变成了配角,要看老公脸色、家人的脸色,还有佣人的脸色。你问我委不委屈?委屈啊!但另一方面看,我又得到了许多,有得有失嘛,身份不同,便要提醒自己,甚至要把自己也忘掉。"

无论对于谁,生活都是现实的,处于什么样的位置,就要演好哪一种角色。好命的女人,首先是获得了大家关心和支持的女人,人是感情的动物,在愉快的气氛下,我们的工作生活都会顺利得多。学会圆通的处世方式,给身边的每个人以尊重和热情,你很快就能和大家融为一体,你会发现这实在是比为固执己见而孤军奋战要有趣得多。

4. 自负是一种不良心理

怀有自负心理的女性,往往自己过高地估计自己。一般而言,人的自我意识主要包括三个方面,自我认知、自我意志、自我情感体验。人评价自己,要靠自我认知,有的人过高地评价自己，就表现为自负；有的人过低地评价自己，就表现为自卑。

自负是一种不良心理，容易让人看不清自己，产生傲慢情绪从而将自己的人生拖入不幸之中。

自负往往以语言、行动等方式表现出来。自负的女性经常让人感觉很傲气。但也有一些女性表面上也让人感觉很冷、不理人，但是不一定是自负。

自负实质是无知的表现。主要表现在不自知。俗话说："自知者明""人贵有自知之明"。人的无知有两种表现，一是盲从，二是狂妄。

自负有时表现为狂妄。自负与看不起人还不完全相同。自负的女性主要是过高地估计自己，同时经常地表现为看不起身边的人。当这种心理过度膨胀时，往往会酿成生活中的悲剧。

"×××跳楼自杀了"的消息传遍了整个大学校园。人们不禁为之震惊，尤其是熟悉她的同学、老师和老乡，更为她的轻率而倍感痛心。谁能想到4年前她的风光呢？

这个跳楼自杀的女同学4年前是以全省第一的成绩考入这所虽是重点大学却鲜有省状元的大学的。进校后，学校领导、老师对她倍加重视，他们说"终于有机会发放5000元的状元奖金了。"仅对她个人的宣传就搞了半学期，她成了全校闻名的人物，全校无人不知、无人不晓。

老师的宠爱、同学的羡慕以及一些人的吹捧，让她有了飘飘然的感觉。她想当然地认为自己是最棒的，从

此,她变得极其自负高傲。老师的话她有时还能听进去一些,同学的话她从来就不听完,还总是借机嘲笑、贬低别的同学,对什么事都嗤之以鼻。由于她的过分自负,她没有一个朋友,谁也瞧不上眼。每天她想着头顶上省状元的桂冠,自鸣得意。她经常因为觉得老师讲课讲得不好而不去上课,也从不参加集体活动。她时常沉浸于武侠小说、言情小说的世界里而混沌度日。老师为她的滑坡而担忧,经常劝导她要戒骄戒躁,可是她总是把老师的话当作耳边风。她自负地认为,自己这么聪明,对付那些考试是小菜一碟。就这样,虽然她从未在期末考试中挂"红灯",但成绩也并不乐观。自己得不到奖学金,她也不认为自己不愿意努力,就说别人只会读死书;评不上优秀称号,她也懒得去争取,就说别人只会溜须拍马、笼络人心。

转眼到了大四,保研名单上自然没有她。那么她就只有两条路可以走了,要么考研,要么找工作。然而她仍自负地认为,自己是省状元,我不上研究生谁上。于是,她不甘示弱起来,自负地向全班同学宣称她要考上全国最著名大学的计算机硕士研究生。

从此,她也能起早贪黑地学习了,无奈,由于大学期间专业功底太差,她学习起来总是力不从心。3月份公布成绩时她的专业课均没有上线,这无疑是当头一棒。她拿到成绩通知单时如霜打的茄子一般。第二天早上,人们在14层高的办公楼前发现了她的尸体,她的口袋里装着一份浸透了鲜血的成绩通知单和一封遗书。

她说:"因为我知道自己再也自负不起来了,而对我而言，没有了自负就如同剥夺了自己的生命。"

可见，自负是人们自掘的一座陷阱，人们常常会在得意忘形之中堕入其中。

古往今来，因骄傲自大、极端自负而折戟沙场的例子举不胜举。曹操的"赤壁之战"、拿破仑的"滑铁卢之役"、关羽的"走麦城"都给后人留下了深刻教训。美国哲学家、科学家富兰克林早就说过："自负是一个人要除掉的恶习。"既然自负会成为我们性格上的弱点，会阻碍我们前进的脚步，那么，我们就应该去克服它，不让它滋生蔓长，从而培养良好的习惯。

5. 知性女人魅力无限

现代女子，当以知性为美，知性女子心性如花，雅俗共赏；品性如木，兼修内外。这样的女子，好比静栖一处的花朵，于不经意间绽放，或如兰草，娴静儒雅，幽香淡放；或如玫瑰，热情娇艳，迷人多姿。

什么是知性女子？知性女子是成熟的，理性的，智慧的，大气的。事业上，她们通常都有很好的发展，但又不同于世俗意义的女强人，她们充满知性的柔和魅力，上得厅堂，也下得厨房；感情丰富，极具女人味，清楚自己需要什么；她们谈不

上饱读诗书,但书一定是她们最好的伙伴、精神的食粮,因为这样的女子才有内涵;生活中,她们有自己的主见和态度,为人处事,面面俱到;她们懂得在这世俗的世界为自己留一片纯净的天空,快乐得像个天使,哭泣时像个孩子;她们不同于小女孩似的单纯,也不同于小女人式的狭隘;她们温柔却又不失活泼,也会偶尔小资,乘兴而来,尽兴而归。尤其是那份仿佛置身事外的闲情逸致,在繁华与沧桑间更能撩人心弦。无须羞花闭月之容貌、语出惊人之博学,知性女子的美由内而外。

  林徽因是一个令人羡慕的幸福女人。她用清新淡雅的面容,妩媚温婉的回眸,顾盼生辉的举手投足,不仅征服了男人,也征服了女人。

  20世纪30年代林徽因在北京东城北总布胡同家中的"太太的客厅"里,结交了当时不少才华杰出的人才,不只是人文学科的学者,连许多自然科学家都对那里流连忘返。她收放自如,将女人特质随心所欲地发挥到极致。因为她身上既有人格的魅力,又有女性的吸引力,更有感知的影响力。

  知性女人懂得给男人空间。由于林徽因风姿绰约,许多人都向她投来爱慕的眼光。从智识上来说,林徽因对徐志摩很欣赏。徐志摩的精美词句像春天里的一缕清风给她带来满怀的温柔。但是,林徽因虽然具有浪漫气质但也不乏理性。她内心明白:爱一个人,首先需要尊重一个人,宽容一个人,要给对方留有余地。她尊重徐志摩的对人生道路和感情的选择,但是睿智的林徽因潜意识中已经意识到徐志摩身上并没有成熟男人所具备的那种沉稳庄重，相反，他追求的是浪漫，向往的是浪漫，这与现实有很大的距离。于是，林徽因选择了与自己有共同爱好的梁思成，这就是知性女人的明智。尊重别人、爱惜自己，既温柔又洒脱，使人感到轻松和愉悦。

后来，当梁思成问林徽因为什么没有选择徐志摩而选择他时，聪明的林徽因巧妙地回答道："我想我要用一生来回答这个问题。"这句话没有那么态度鲜明，可却是一个绝妙的回答，让事实来回答，不就是最好的回答吗？没有虚饰与矫情，而只是自然流露出她的清澈和深沉，她对梁思成满腔的柔情确实让人感动。这充分体现了林徽因作为知性女人的灵性与弹性的统一。灵性是心灵的理解力，天生慧质、善解人意，怎能不令人感到无穷的韵味与魅力呢？

知性女人不单是满身灵性，她的优雅举止所表现的女性魅力一样令人赏心悦目。

1931年11月9号，林徽因在协和小礼堂给外国使节讲中国建筑艺术。她穿着珍珠白色毛衣、深咖啡色呢裙。她时尚的、得体的打扮，举手投足都显示出优雅万分。她从容地站在讲台上，开始了她才华横溢的演讲："女士们，先生们！当你踏上一块陌生的国土的时候，建筑会以一个民族所特有的风格，讲述这个国家所特有的美的精神，它具有文化内涵，带着爱的情感，走进你的心灵。"精彩的开场白，优雅的风度立刻博得了一阵热烈的掌声。

有的女人，即使读了一辈子的书，经历了无数的事情，却始终参不透人生的一些道理，比如爱情，比如梦想，所以常会在一个地方摔倒，容易迷失在命运的洪流当中。而聪明的知性女子，偶尔哭泣或者大笑，但是她们的心境是平和的，这让她们在任何时候都处乱不惊，有着坐看闲云的气度和风范。现代化都市的女子，总是很容易被各种物质所诱惑，然后以一种小资的姿态来宣扬着自己的品位、自己的脱俗、自己的与众不同。但是当深夜来临的时候，又陷入孤独落寞而无法自拔，她们的虚荣让她们失去了平心静气的勇气和能力。知性女子却可以心平气和地行走于物质当中，享受着物质，她们不会让自己的精神贫穷，即使是寂寞的，她们也知道如何去享受。面对各种纷争与复杂，她们可以淡然一笑，她们那份坦然与纯真让无数人望尘莫及。

知性，让女人走得更加从容，也让女人更加美丽！

6. 单个人的力量是有限的

单个人的力量是有限的，聪明的女人知道，只有与人合作，取人之长，补己之短，才能互惠互利，双方都从中获益。

聪明的女人常常会量力而行，懂得每个人的能力总是有限的，虽然精力旺盛，但并不是所有的事情都可以做到。其实，精力再充沛，个人的能力还是有一个限度的，超过这个限度，就是人所不能及的，也就是你的短处了。每个人都有自己的长处，同时也有自己的不足，这就要求我们要养成合作的习惯。只有与人合作，才能用他人之长来补己之短。

每个女人的性格和能力是不同，这些差别是长期养成的，不能说哪一种类型就一定好，哪一种类型就一定坏。正是这些不同，每个人所能从事的工作性质就不一样，要想有所作为，首先得明白自己的性格和能力，然后选定一个适合你自己的工作。在与人合作时，也应注意分析别人的性格特点，尽可能使每个人都能找到适合于自己的工作。也就是他能弥补你的短处，你能补救他的不足。

只有充分发挥自身优势并能利用他人的优势来弥补自己不足的人，才会在今天的社会中取得成就。

现代社会是一个充满竞争的社会。"物竞天择，适者生存"，可以说，竞争是无处不有、无时不在。竞争者与合作者作为竞争与合作的主体及对象，与竞争合作相伴而生，相伴而灭。

合作与竞争看似水火不相容，其实不然，合作与竞争有许多相通的地方。合作与竞争，可以说伴随着人类社会的出现而出现。合作与竞争不仅没有削弱、消亡，相反，随着时间的推移和社会的进步，合作与竞争的趋势在增强。而且，随着人类生存空间的不断拓展，交往范围的不断扩大，人与自然斗争的不断深化，科技的不断发展，合作与竞争的联系还将日益加强。在知识经济时代，高科技的发展水平和发展速度已经超出了人们的想象，通信、交通等的发展使人们之间的沟通与交流变得空前容易，不论是国与国之间、组织与组织之间，抑或是

具体的个人之间,竞争与合作已经成为不可逆转的大趋势。在这样的一个时代里,进行交流与合作的成本将大幅度降低,而效率则将大幅度提高。实际上,封闭的个人和孤立的企业所能够成就的"大业"将不复存在,合作与团队精神将变得空前重要。缺乏合作习惯的人将不可能成就事业,更不可能成为知识经济时代的强者。人们只有承认个人智能的局限性,懂得自我封闭的危害性,明确合作的重要性,才能有效地以合作伙伴的优势来弥补自身的缺陷,增加自身的力量,才能更好地应付知识经济时代的各种挑战。

一个人,强调个性、自我,更应当强调合作,抱团打天下,是时代的鲜明特征。哪怕是最讲究个性的创新活动,也离不开合作,合作习惯,直接决定着创新的成效。windows2000研发,有超过3000名开发工程师和测试人员的参与,写出了5000行代码。没有合作的习惯,没有全部参与者的分工合作,就根本不可能完成,就不能做成大事。

朋友之间的合作,同事之间的合作,个人与企业或其他组织之间的合作,与本地区的合作,跨地区、跨省甚至跨国的合作。合作的范围越广,合作的境界越高,生存的空间越大,获取的能量就越大。

很多人进入了一个误区,只愿意与亲戚,朋友合作,凭着自己的好恶取舍合作,这是一般人有意无意奉行的"原则"。依此"原则"行事,你的合作圈就大大缩小了,机遇光临的概率也必然大大减少。那种特对你的脾气、特合你的胃口的人,实在是太难找了。在社会这个大环境中,什么样的人都有,什么样的人都有需要合作的时候。因此,必须学会跟各式各样的人合作，包括与竞争对手合作。

今天，是全球经济一体化的时代。每个时代的弄潮儿都要适应"全球一体化"的趋势，更需要合作能力，特别是需要学会在多元化的团队中合作。这种合作，难度就更高了——必须与不同肤色、不同文化、不同信仰、不同价值观、不同生活方式的人，甚至包括与你有利益冲突的人都能进行良好的沟通，都能融洽地共事。

今天的时代是市场经济时代，市场经济是广泛的交往经济，离不开与各种类型人的合作；今天的时代是竞争时代，只有选择合作，才能成为最具竞争力的一族。

7. 走出自卑的阴影

曾有人说："天下无人不自卑。无论圣人贤士、富豪王者，抑或平民寒士、贩夫走卒，在孩提时代的潜意识里，都是充满自卑感的。"可见，我们每个人或多或少都曾经历过自卑的缠绕。

攀登在人生的崎岖小路上，自卑这条毒蛇随时都会悄然出现，特别是当人劳累、困乏、迷路、困惑的时候，更要加倍的警惕。德国哲学家黑格尔说："自卑往往伴随着懈怠。"王有光《吴下谚联》中说："人不可以自弃，荒田尚有一熟稻也。"意思是说：人生在世不能自暴自弃，贫瘠的田地通过耕

种还能收获一季稻子呢。人在绝望的时候,要想想自己的优点,想想还有可能反败为胜。

只有控制住自卑心态,人们才会敢于积极进取,成为一个有主动创造精神的人;才能开拓事业的新局面,才会产生事业的突破;才会有积极的人生态度,才会活得开朗、开心;才会勇于承担责任,成为一个有责任心的人,而任何一个在事业上有所作为的人,都是有责任心的人。

自卑是人生前进道路上的绊脚石,可以使一个人的活动积极性与能力大大降低。虽然偶尔短时间地滑入自卑状态是正常现象,但长期处于自卑之中就是一场灾难了。自卑的根源是过分否定和低估自己,过分重视别人的意见,并将别人看得过于高大而把自己看得过于卑微。这样一来,自然就产生出沉重的压力,并顺理成章地导致了自我压抑。一个自我压抑的人,在自我形象的评价上会毫不怜悯地贬损自己,不敢伸张自己的欲望,不敢在别人面前申诉自己的观点,不敢向别人表白自己的爱情,行为上不敢挥洒自己,总是显得拘谨畏缩。另一方面,一个自我压抑的人对外界、对他人,尤其是对陌生环境与生人,心存一种畏惧。出于一种本能的自我保护,他便会与自己畏惧的东西隔离和疏远,这样便将自己囚禁在一个孤独的城堡之中了。如果说消极情绪可以使一个人在前进路上暂时偏离目标或减缓成功的速度,那么一个长期处于自卑状态的人根本就不可能有成功的希望,甚至已有的成绩也不能唤起他们的喜悦、兴奋和信心。他只是一味地沉浸在自己失败的体验里不能自拔,对什么也不感兴趣,对什么也没有信心,自己不愿走向人群,也拒绝别人接近。整个人与丰富多彩的生活隔绝,与人群疏远，自囚于孤独的城堡。

有自卑情结的人可能会很胆小，由于要避免可能使他感到难堪的一切，他就什么也做不成；由于害怕别人认为自己无知，他就忍不住去征求别人的意见和建议；由于担心受到拒绝，他就不敢去找个好工作。由于这样压抑的结果，他在各方面都毫无进展，并且变得更加敏感，再加上日益怯懦，他的精神状态就日益低落。一个有自卑情结的人不能长时间把精力集中在任何事物上，只能集中在他本人身上，因而常常不能实现自己的愿望。

自毁、自杀是自卑心态最极端的自责形式。自杀的人不是在逃避世界，他们是在逃避自己——他们所抛弃和蔑视的自我。他们不敢直面问题的根源，只是因感觉自己受到了伤害，十分恼怒，于是就寻求"结束一切"。不是他们承受了太多的痛苦，而是他们不善于用快乐之水冲淡苦味。其实在他们叹息甚至流泪时，快乐就在身边朝他们微笑。自卑易导致人们将自己的不足或者不利的情况与他所接触到的人相比较，从而总觉得别人比自己更精明、更有趣、更迷人、更会穿着，别人无论在任何方面——年龄、地位、荣誉、尊严、事业和成就等等，都占有优势。由此使自己更感不足、失落，甚至于自毁。

长期被自卑情绪笼罩的人，不仅会使自己的心理活动失去平衡，而且也会引起人的生理变化，对心血管系统和消化系统产生不良影响。人的生理和心理是密切相关的，生理上的变化反过来又会影响心理的变化，加重人的自卑心理。有自卑心理的人常表现为情绪低落、心胸狭隘，常把一些细小意见看得过大，因而为之烦恼，耿耿于怀，不能自拔。他们少言寡语，好

怀疑，常陷入孤独抑郁之中；对一切事物不感兴趣，不愿多与他人交往；精神萎靡，遇事总往坏处想；常常认为自己是世界上最不幸的人，个别严重者甚至会出现轻生的念头。

有一个大学生由于来自贫困边远的山区，父母都是整日面朝黄土背朝天的农民，所以她的经济来源比起同宿舍的五个人要差很多。别人过生日时请客吃饭、买衣服时买高档名牌，都让她产生一种不合群、低人一等的感觉，于是她拼命地想在学习上超过别人来弥补经济上的窘迫。但是无论她怎样努力，总是无法摆脱日常生活中无处不在的经济压力，于是她有了极度的自卑心理，这种自卑心理压得她喘不过气来，最后得了精神分裂症。

自卑是人生潜在的杀手，不论属于哪一种表现形式，一旦发现自己存在这种心态，都应当加以调节和根除。自信是克服自卑最有力的武器，你觉得自己是什么样的人，自己就会成为什么样的人。你自卑，那么你将一事无成；你自信，那么你就会在人生的道路上实现自己的价值。尽管苏格兰哲学家卡莱尔曾说过："自卑和自我怀疑是人类最难征服的弱点。"但自卑并非不可消除，也并不可怕。实际上人人都有自卑情结，只是程度不同而已。具有良好心理素质的人对自卑具有极强的自控能力，他们的成功都是建立在自信基础上的。成功者的成功之处正是在于能够克服自卑，超越自卑。一个人只要相信自己行，就一定行，因为自信能使你充分发挥自己的潜能，想方设法达到自己的目的。

人生快乐不快乐，决定于自己的心理状态。播下一种心态，收获一种命运。自卑的心态就像一条啃啮心灵的毒蛇，不仅吸取心灵的新鲜血液，让人失去生存的勇气，还在其中注入厌世和绝望的毒液，最后让健康的机体死于非命。

走出自卑的阴影，让自己快乐起来。

8. 自信：难以抵挡的女人味

女人的自信是美丽的，它让您拥有一种特有的气质，一种具有震慑力的向心引力。不管您的外表是否真的漂亮，只要您有自信，您就拥有了美丽，只要您有自信，您就拥有了人生的价值，只要您有自信，您就拥有了世界，只要您有自信，您就拥有了完美，只要您有自信，您就拥有了所有……

自信心是女人对于自己能力和行为所表现出的信任情感。一个女人有了自信心就有了克服困难的精神动力。人生其实有很多需要自信的时候，在那些时刻，不同的选择就代表了不同的未来。所以，对女人来说，你更要敢于面对。要知道，这个社会有很多机会需要女人去抓住。

邓亚萍这个名字在我国可谓家喻户晓。有的人在谈及她时还会绘声绘色地将其描绘一番：矮矮的个儿，胖胖

的脸,打起乒乓球来简直像只出山的小猛虎,出手快捷,攻势凌厉,左推右挡,勇不可当,往往只几板就把对方制服了。

的确,邓亚萍在我国乒坛,乃至世界乒坛上已是名声大噪,堪称"大姐大"。自她1986年拿到第一个全国乒乓球锦标赛的冠军开始,到1997年5月的第四十四届世界乒乓球锦标赛上,在短短的几年间,她一共在全国性和世界性的各种乒乓球大赛中拿到153个冠军,其中,尤其从1989年入选国家队到1997年的这9年当中,成绩最为辉煌,仅在世界级别最高的奥运会、世界杯赛和世界锦标赛这三大比赛中,一人独自获得78块金牌,并且还是国际体坛上唯一一名三次接受前国际奥委会主席萨马兰奇亲自授奖的运动员。这不但在中国乒坛,而且在世界乒坛史上都写下了光彩的一页。从邓亚萍的成长之路来说,坎坎坷坷,历尽磨难。

她4岁多时便表现了一个"铁娃"本色,平时拼拼打打从不哭闹,并且玩什么都格外专注。这些都让在河南郑州市体委任乒乓球教练的父亲看在眼里,喜在心头,认定这是一块搞体育的好料。于是,父亲便"就地取材",精心地培养自己的爱女。

一晃5年过去了,邓亚萍在父亲的调教下,乒乓球技术已达到上等水平。为使她能得到更多的培养,父亲将她送到河南省乒乓球队去深造。然而,去后不久,便被退了回来,其理由是个儿矮,手臂短,没有发展前途。这在邓亚萍少年的心灵上留下了一道深深的伤痕。令人欣慰的是，在父亲的鼓励下，倔强的邓亚萍并未因此一蹶不振，相反练得更加刻苦，并发誓有朝一日一定要拼出个样来。

机会终于来了，1986年是邓亚萍人生重大转折的一年。那一年，年仅13岁的她，临时顶替河南省代表队一名生病的运动员参加全国乒乓球锦标赛。赛前教练们对她并不抱有什么期望，要她顶替上场纯粹是为了不使该队"弃权"。出人意料的是，这个名不见经传的矮个姑娘竟然接连击败了耿丽娟、陈静等当时很有名气的国手，一举登上了冠军宝座，爆出了此届乒乓球赛的最大冷门，成为一匹引人注目的"黑马"。

赛后，这位被判为"无发展前途"死刑的小姑娘，成了当时国家乒乓球队副教练、女队主教练张燮林手下的一名女弟子。从此，邓亚萍在中国体坛的圣殿里将其那股在逆境中练就的"铁娃"本性表现得淋漓尽致，其运动水平大大提高，经过各次大赛的历练，最终登上国际乒坛女霸主的宝座。

邓亚萍有一段描述自己心理感受的话很能感人肺腑，她说："我并不相信命。每个人的命运都掌握在自己手里。有人说我命好，为世界乒坛创造出了一个'常胜将军'的奇迹。我觉得，我可能天生就是打乒乓球的命，但上帝不会将冠军的桂冠戴在一个未真诚付出汗水、泪水、心血和智能的运动员身上，我自己满身的伤痕就是证明。体育运动之所以魅力无穷，一个重要的原因就是它充分展示了人类不屈服命运，永不停息向命运挑战的精神。"

　　我们可以长得不甚漂亮，我们可以地位不很高贵，我们可以生活不太富裕，我们可以学识不算渊博……但是，我们不能失去自信。因为，我们有充分的理由可以自信：我们不漂亮但我们健康；我们不高贵但我们快乐；我们不富裕但我们知足；我们的学识不渊博但我们一直没有放弃努力……

　　自信心往往可以产生你想象不到的力量，它是一种我们看不见的力量。当一个女人拥有了自信，整个人就会焕发出不同一般的光彩。它会使你无所畏惧，会让你勇往直前。

　　自信，可以让一个相貌一般的女孩子变得漂亮动人。当平凡的相貌因为自信而光彩焕发的时候，你不得不赞叹造物主的神奇。

第五章 刚刚好的女子,不偏执不沉迷

女人可以执着,但不能偏执。不管我们的人生处于哪个阶段,都应该多些理解,少些偏执,并要学会适时放空自己。其实,很多现在想不明白的事情,随着时间的推移,都变得无关紧要了。真正有智慧的女子,绝不会沉迷,而是把主要精力用在当下的生活上。

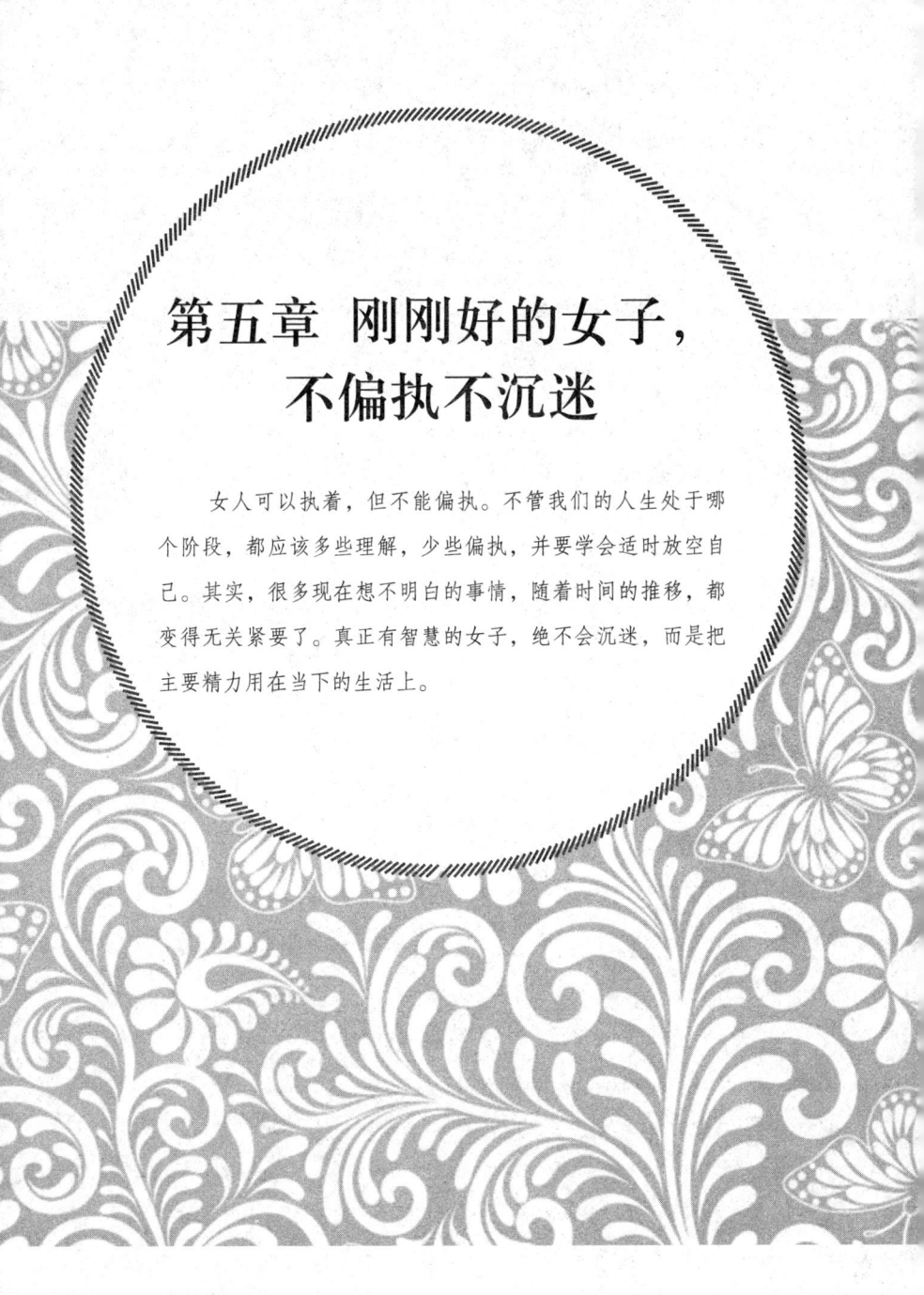

1. 报复心理会让女人更受伤

一个人，如果总是沉迷在伤痛的纠缠中，那就体会不到快乐的拥抱。正同读音显示的那样，报复只会是一个沉重的包袱，放弃报复的心理，你的心，你的生活，才会感受到轻松和自由。

爱情的消失就和到来一样，都是那么突然，令人失措。看着一度深爱的男人突然变得冷漠无情，有的女性很容易有这种想法：我为他付出那么多，他却伤害了自己，曾经的甜蜜时光就像一场骗局，他要为自己的过错付出代价，所以，我要报复他。

正如人们经常所说的，爱得越深，恨得越浓。当山盟海誓犹在耳时，看着那个男人无情的对待自己，产生报复心理可以说是一种比较正常的直接反应。但是，如果任由这种冲动主宰自己以后的生活，那就太过愚蠢了。

爱情之所以宝贵，就在于爱情能让人感受到一种特别的幸福和快乐。他离开了，但爱情带来的幸福和快乐却不会消失，可是选择报复的话，就会把曾经的美好都粉碎掉。未来，活在报复中的你，还有幸福可言吗？也就是说，坚持报复的心理会让你失去过去、现在以及未来的幸福快乐等一切美好的事物。

而打开心结,以宽容之心去看背叛你的人,你只会现在一时之间觉得痛苦,而可以享受到人生大部分的美好时光。

所以,当曾经相爱的那个男人决然转身离开,你千万不要为了他放弃整个世界,更别因此把以后的日子都用在报复上,那只会让你的生活乱成一团。正确的做法是比从前生活得更好,更快乐。要记住:一个人的生活是对自己负责,他不爱我没关系,至少我还爱自己。

我们都听说过一句话:报复,就是通过伤害自己来达到伤害别人的目的。

这句话非常对,特别是对于女人来说,女性特有的善感气质,更会使女人在伤害别人的同时伤害到自己。

阿兰无意中发现那个口口声声说爱自己的男友早已娶妻生子,摊牌后男人还是选择了身为高官女儿的妻子。2年来的相爱记忆,留给阿兰的只有伤痛。于是,仇恨中的阿兰活着只有一个目的,那就是报复!揭开那个男人虚伪的面具,阿兰要让他老婆知道一切,然后折磨他,让他一辈子做牛做马,不得快乐,这就是他欺骗自己的代价。她甚至想到了和那个男人同归于尽。

可是阿兰发现自己无论怎么做都没有用,自己并没有变得更开心。有一天,她看着新闻中那个和自己经历类似的女孩在伤人后锒铛入狱,开始想自己也要这样过一辈子吗。她把自己的经历写在网上,看到很多人对自己的劝慰和对那个男人的谴责。有个网友对她说:"在你报复伤害过你的人的时候,却同时是在伤害爱你的家人;报复那个离开你的男人的时候,你也在重复温习过去的伤痛。"她开始试着冷静下来思考自己这样做值不值得,然后发现自己已经没有以前那么痛苦了。

或许,受伤后的女人都该学学阿兰的做法,试着把郁积在心里的痛苦讲出来,时间会让过去的一切慢慢褪色,爱情过去了,在爱中受到的伤也将渐渐愈合。报复则是再一次把伤口扯开,除了会伤得更厉害,对其他都无济于事。

报复是人性的弱点之一,人在受到他人的批评或伤害时,心中容易燃起报复之火。不过,虚怀若谷的人大多将报复之火熄灭于心中;而心胸狭窄的人则大多将报复之火化为行动,即使未见诸行动,也是因为惧于舆论的压力,或没有报复的能力与机会。

报复心强的人,一般性格比较倔强,沉默寡言,或者在生活上、精神上遭受过重大打击。另外,与平时不爱学习,家庭不幸福,缺少父母关爱,长期处于失"爱"状态有关。争强好胜,嫉妒心强,称王称霸思想严重,也是引发报复心理的一个关键因素。

报复心理的主要表现是,当个人利益受到侵害时,如同学学习成绩超过了自己、不和自己好了、被人欺负了、怀疑东西被人偷了等等,就心怀不满,产生极端念头,采取对立态度,运用不同的方式去攻击对方,以解心头之恨。这似乎是公平的、对等的、有理的,实际上是一种低下的情操。对待敌人,可以"以牙还牙,以眼还眼",对待自己的同志则应当是忍让、谅解。当一个人的正当利益受到损害的时候,可以直截了

当地批评对方,也可以向组织反映,乃至诉诸法律,但决不能搞违法报复。

一个聪明的女人,应当懂得自重与自爱。如果你踢我一脚,我还你一拳,"半斤对八两","错从错中来",岂不是把自己降到和对方同等水平了吗?

爱情就像手中的沙子,当你越想抓住它,它就会从你紧握的手中流走。爱情的相守需要宽容,当爱情离开后,面对曾经的爱人,我们也要宽容以待。宽待那个离开自己的男人,就算会有痛苦,可得到的,是更多的智慧和勇气。

2. 女人,怀旧不要恋旧

爱情是不允许犯错的,失去了就再也回不来了。已经走到尽头的东西,重生也不过是再一次的消亡。就像所有的开始,其实都只是写好的结束。

女人们总有一种怀旧心理,甚至是一种恋旧心理。这里要告诉女人的是,你可以怀旧,但千万不要恋旧,尤其在感情生活中,即使以前的恋情多么令人怀念,也不能轻易回到原先的恋人身边。

分手的爱情最忌复合。复合的爱情只会是在感情上重新打个结,就像是断了的绳子,谁也不愿意这个结会是长在心里面的。复合的爱情十分脆弱,只能让女人多了份担忧,缺少了安全感。那些曾经存在于你们感情之间的问题，或许仍然存在，仍是你们情感的最大障碍。当一份爱不断受到各种威胁，维系下去还有什么意义？谁又知道哪天它又会被重新断开呢？

所以，女人们，当你们分手了，最好的方法就是放了这段感情离开。

留恋于它倒不如重新选择新的爱情，否则，你将陷入新的痛苦之中。

任何经历伤痛之后的分手都会有裂痕，修补得再好也无法还原。所以，既然已成往事，不如就让它过去。

雅丽与男友分手已经三个多月了，而且还是男友提出来的。受到分手的打击，雅丽的生活有好长一阵子陷入低谷，做什么都提不起兴致，甚至为此还换了工作。

好不容易撑过了那几个月，男友竟然阴魂不散，主动打起雅丽的电话，并且时常和她聊一些生活的琐事。最初雅丽还能够保持清醒，她理智地告诉男友，既然大家已经分手了，如果没有再重新开始的可能，不妨只做陌生人吧。因为雅丽还爱着他，根本无法把他当普通朋友看待，更害怕悲剧再次上演。

但随着通电话次数越来越多，雅丽的防线终于崩溃了。那是十一黄金周，雅丽出去旅游，男友的电话再次打来，问她在哪里，什么时候回来，语气里满是想念，于是雅丽再次走进了他的怀抱。

雅丽以为这次他会珍惜她，爱护她，知道她的可贵，但雅丽错了，复合的爱情存在太多的问题，而有些问题是

她根本没有能力修复的。雅丽虽然爱他,但他对雅丽的爱却似乎远远不够,而他曾经的绝情更让雅丽没有安全感,两个人就这样相互忍耐着,凡事小心拿捏,神经绷得紧紧的。没过多久,男友再次对雅丽开口,提出了分手。

女人总以为,男人在失去后就会领略到她的可贵,以为经过分手的挫折,他就会好好珍惜你。这是许多女人经常犯的最大错误。这些女人没有意识到,是男人真正爱着的,他根本不会让你从他手中溜走;溜走的对他来说不过是"鸡肋",他只会在寂寞无人陪伴的时候想起你,而这种寂寞也并不常有。

所以,倘若他再次打电话给你,不要给他再次伤害你的机会,不要在感情中做一个可怜的弱者。挂掉他的电话,冷静地关机,找些别的事情来做。

倘若他装可怜出现在你家窗口,你要记得冷静地拉紧窗帘。男人在寂寞时,很容易冲动地做出决定,却总不愿意为他们的冲动负责。一旦感情复合,他多半又会旧病复发再次辜负你。亲爱的女人们,不要让轻易地陷入困境,而残局却只能自己收。

对于失去的,女人总会感到自责和苦恼,而迟迟无法迎向新的恋情。事实上,面对旧日的情感,女人一定不能选择逃避,要勇于面对,更要有信心去追求一份新的温暖而平实的感情。

然然是个坚强的女人,尤其是在经历一场失败的恋爱后,她更是表现出前所未有的坚强。然然从来没想到自己会是这样的下场：一个和自己恋爱了5年，一个和自己同喜同乐的人，竟然抛弃了自己，选择了其他女人。然然知情后，决然地和他断绝了一切关系。

然然从没有想过要和他复合，虽然她仍旧那么爱他。但然然知道，她必须自己开始新的生活。

于是，她试图改变自己的社交圈，试图改变自己的生活方式，甚至连发型、衣着、爱好都改变了许多。朋友们都说，然然更年轻了，更漂亮了，更开心了。一个人的时候，然然也敢于揭自己的伤疤，她不是不怕疼痛，但她知道，她不可能永远逃避下去，要敢于在失败的爱情中反省自己。终于，伤口结了疤，她对过去不爱了。

一场5年的恋爱不是说放就放的，但如果女人身在其中受到了巨大的伤害，要毅然地离开。否则，就好比在身体里安装了定时炸弹，一旦某个契机它被引燃，留给女人的只能是更大的疼痛。

新生活在旧爱里不会开始，新生活必须从不爱开始。所以，女人，要敢于放弃，要放开自己的心，不去恋旧，让自己去接受全新的爱情，幸福或许就在不远处等着你。

做一个刚刚好的女子

3. 不要为错失的爱情伤心

爱情总让人无法把握。但女人无须为此劳神，因为是你的终是你的，错过的哪怕你再爱的人，也终究不属于你。能够与你相伴一生的人或许就在你身边，身在其中不妨放下身心的疲惫，好好去体味生活、体味爱情。

一个女人一生中总会遇到很多男人，于是也就有各种各样的困扰出现在女人面前。哪个男人真正爱我？我内心深处真正爱着的又是哪个？

哪个人才能和我共度一生呢？

很多人都听过这样一个佛学小故事：从前有个书生，和未婚妻约好在某年某月某日结婚。到那一天，未婚妻却嫁给了别人。书生受此打击，一病不起。这时，路过一游方僧人，从怀里摸出一面镜子叫书生看……

书生看到茫茫人海，一名遇害的女子一丝不挂地躺在海滩上。路过一人，看一眼，摇摇头，走了。又路过一人，将衣服脱下，给女尸盖上，走了。再路过一人，过去，挖个坑，小心翼翼把尸体掩埋了。僧人解释道，那具海滩上的女尸，就是你未婚妻的前世。你是第二个路过的人，曾给过他一件衣服。她今生和你相恋，只为还你一个情。但是她最终要报答一生一世的人,是最后那个把她掩埋的人,那人就是他现在的丈夫。

女人在一生的爱情课堂中,要经历、尝试的爱情很多,不要因为错失了一段美丽的恋情而后悔,或者自责,怪自己当初没有努力争取过。因为,那个你曾经错失的人原本不属于你,你又何苦劳心费神呢?就让他随着时间的推移渐渐远去吧。

女人的爱情是从暗恋隔壁班男孩开始的。在年少轻狂的年代中,每个女人们都曾拥有一段朦胧而美丽的恋情。只是这美丽太过脆弱,一不小心就会破碎。于是,美丽的女人们,在遗憾错失了这梦幻般的,因没吃到而想象着它格外的甜的爱情时,总会觉得遗憾,总以为倘若把握住了那份爱情,或许现在正幸福地生活着。

菲菲喜欢上了隔壁班一个很阳光的男孩,他很帅气,而且篮球打得非常棒,每有他参加的比赛,看球的女生就特别多,所有的人都是为他欢呼,欣喜地称他为"篮球王子"。这位篮球王子在学习上却不甚积极,上课睡觉,作业不做,有时还逃课。但因为他实在太迷人了,所以基本上没人会怪他。

相比之下,菲菲却是个很普通、也不漂亮的女孩,但她的成绩在班里名列前茅。她很执着,她相信付出就有回报,她相信爱情也会被感动,所以她经常辅导他学习,甚至借作业给他。但在她递出想和他进一步发展的字条后,男孩回信说:"让我们做普通的朋友吧。"

菲菲十分伤心，但她不放弃，她试着把握一切机会接近他。但一次次的接触，男孩一次次的回避，女孩开始绝望。从未喝过酒的她第一次为一个男孩喝醉了。

很久以来，菲菲的脑海里都被那个隔壁班男孩占据着，为他痛、为他哭。她以为，只有得到她的"王子"，她的人生才会圆满，才有幸福的可能。

感情是脆弱的，有时不是你觉得难以维持，而是正当你像玩跷跷板一样享受刺激眩晕的爱情时，另一方却突然撤离，让你在刹那间失重，一下子跌到谷底。这个时候，不管你多么在乎，多么放不下这段感情，也必须揩去眼泪，把自己打扮得漂漂亮亮地高傲地走开。果断地放弃是给自己一条生路，千万不要既丢了感情，又伤了自尊。

所以假若有一天，你的爱人对你说不爱了，你千万别追出门问为什么，因为爱就爱了，不爱了就是不爱了，爱本身没有任何理由，所以不爱是没有为什么的。

很多笨女人在分手时都会说：可以分手，但请你告诉我为什么。她们嘴上说放弃，但实际上却是不甘心放手，要不为何还要追问原因呢？追问原因的那句话之后，是不是还跟着一句"我哪里不好，我可以改啊？"

这不是不死心么？

男人要是不爱一个人了，你若是追问他原因，他能说出千万个理由，只是那些理由也许正是他当初说爱你的理由。

所以，当一个男人说不爱了的时候，千万别问为什么。他说爱你的时候也许是真的爱，他若说不爱了，那就是真的不爱了。就算真有理由，也无法改变不爱的事实，那追问不是没有任何意义？男人最讨厌做的就是没意义的事。

4. 该放弃的一定要放弃

女人们，有时候心软是一种不幸。就算他用真诚打动了你，这样得到的感情未免有点勉强。时间长了，当你的爱情真正来临时，你往往只能错过，余下的人生历程还长，没有爱情的取暖，你要怎样熬过去？

爱情是个"双向选择"，男人选择女人的同时，女人也要选择男人。真正的爱情源于彼此发自内心的倾慕，建立在两情相悦的基础上。一旦一方没有选择另一方，爱情就不存在，任何挽留和努力都是多余。

可女人们天生多情又心软，面对一个疯狂爱恋自己的人总不忍心伤害，结果却往往让彼此伤得更深。有些聪明的女人会很理智地去处理这件事情。

亚丽就曾碰到过一个宣称肯为自己去死的男人。那年亚丽才21岁。那个男人疯狂地追求亚丽，要亚丽成为他的女友。他对亚丽宣称，他爱亚丽，亚丽将是他一生的唯一，倘若亚丽不接受他，他将立即去死。

亚丽慌了，她为此害怕，甚至有些痛恨这个男人。为

什么要以死相威胁？这样的追求怎能给她幸福？亚丽左思右想，明白这样的男人是极其自私的，他们在乎的只有自己的感受，从不会为对方着想。他所谓的爱，不过是他的一己私欲罢了。于是亚丽一次次勇敢而坚决地拒绝了他。

多年以后，亚丽在餐厅中偶遇了他。他已经结婚，看起来十分甜蜜，身边的妻子也是一脸幸福的样子，脸上带着浅浅的笑容，他的小女儿看样子也有4岁了，又活泼又可爱。亚丽心里暗自庆幸，庆幸自己当初的理智和坚决。

的确如此，那些发疯的男人们不过是在钻牛角尖，女人们需要坚定一些，这样你们才能有各自追求幸福的可能，多给彼此一些机会，为了他，也为了你。

当然，这个世界上也有很多为情而死的男人，那是他自己真的不想活了，谁也挡不了他的去路。试想，一个男人肯轻易地放弃生命，你选择他又有何安全可言，有何幸福可言？他视生命为儿戏，动不动便以死相要挟，甚至能够勇敢执行，谁知他不会为了什么鸡毛蒜皮的小事而放弃生命？真正需要留下来承受痛苦的只有你，而不是那个"勇敢"死去的男人。

然而，有些笨女人却往往被甜言蜜语所迷惑，看看那下面的例子，对女人来说不得不是个深刻的教训。

雪是一个温柔浪漫的女人，她已经26岁了。一年前，有个男人疯狂地迷恋上了她，便采取了一切攻势来追求雪。那个人是一个不错的男人，温柔而诚恳，但雪面对他的时候，从来没有怦然心动的感觉，没有一点点爱的激情和渴望，反倒有许多亲人的感觉。

该不该接受他？他和雪的一些做事风格、做事方法及一些爱好都有不同，但是他们都能善良地对待他人，坦诚地对待彼此。可是在精神层面的要求却有差异。面对这样的选择，雪十分犹豫，但看着那个男人的执着和痴情，看着他为自己日渐消瘦的脸庞，雪心软了，答应了他的求婚。

雪以为时间会改变这一切，但是，在对待事物的理解差异上，雪一次又一次地感到孤单。

一年后，另一个男人走进了雪的视野，他令雪怦然心动，让雪第一次体会到了爱情的愉悦。他们是如此相像，他们理解事物的感觉又是如此相同。雪知道，这才是爱情，这个男人才是她的真正所爱。雪想努力挣脱一切，和所爱的人生活在一起。但当她和丈夫和盘托出时，她的丈夫没有愤怒，竟然安静地接受了现实，似乎早就料到这一天的到来，只请求雪不要离开他。

在这个可怜的男人面前，雪再次屈服了。

爱情就这样溜走了，留下来的雪必须要在无爱的婚姻里，面对漫长的人生历程，虽然她那么孤独。

所以，女人们，面对男人哀求的目光，你要奉行一条行事准则：该放弃的一定要放弃，这并不是很难做到的事。

5. 热情大方地与异性交往

异性友谊对男女双方都是一个促进，使双方的社交圈进一步扩大，学到更多的东西。如果男人和女人在交往中，双方的付出都是平等的，且只想友谊而不是爱情，那么，两性之间就会建立起良好的、高尚的关系。这对双方都有好处。

性别，的确是男女交往中的一条鸿沟。一个男人和一个女人交往时，性的潜在可能是经常存在，但这并非不可避免、必然发生的现象。聪明的女人明白：一个男人不一定非得做了你的"情人"，才能成为你"最好的朋友"。

结交异性朋友是当今社会开放的一种新型的社交现象。那种男女授受不亲的时代已经过去了，我们现在经常看到社交场合中男女握手为友，彼此平等交往，共谋大业，展现了开放时代的开放精神。

一位女性这样说：我很幸运，有好几个同女性朋友一样的男性朋友——我们可以撇开性别的禁忌，无拘无束地谈论我们最隐秘的思想和情感。如果我说出一个闪过脑际的很琐碎的想法，诸如"我是不是该剪头了？"或"你觉得我该把这屋子怎么布置一下？"他们听了不会打哈欠，也不会对我的问题避而不答。

我的男性朋友们总是不带任何评判和责备地倾听我对他们

诉说我的恐惧，我的担心，我的各种问题和莫名其妙的烦恼，而我也是以同样的方式对待他们。

应该承认，男女间除了性的关系，还有一种真诚的友谊存在，异性朋友可以互补互敬，互相促进。人是靠各种各样的感情生活于这个大社会当中的，曾经有人将介于爱人和朋友之间的感情称为"第四类感情"，也有人曾热烈地讨论过"男女之间除了爱情是否有其他感情因素存在"。其实，无论男人还是女人，或许都需要全方位的感情关怀，这几类感情之间可能有互相不能替代的成分，"蓝颜知己"这种称谓的出现表明，人们正在不断演绎和区分种种感情新模式。

这是一种新型的男女关系，它不同于恋人，两人之间的距离比恋人要远。也不同于朋友，两人之间的距离又要比朋友来得近，在这种关系中男人把女人叫作"红颜知己"，女人把男人叫作"蓝颜知己"。以往我们过多地描述"红颜知己"，而忽略了"蓝颜知己"。其实正是这些"蓝颜知己"们用自己健康的心灵去安慰、关怀着现代女性们，才使女人们走出以家庭、婚姻为主的情感旧旋律而构建起更为丰富、完整的现代新型感情世界。

那么，如何把握异性交往的分寸呢？这里大有学问。

（1）自然交往

在与异性交往的过程中，言语、表情、行为举止、情感流露及所思所想要做到自然、顺畅，既不过分夸张，也不闪烁其词；既不盲目冲动，也不矫揉造作。消除异性交往中的不自然感是建立正常异性关系的前提。自然原则的最好体现，是像对待同性同学那样对待异性，像建立同性关系那样建立异性关

系,像进行同性交往那样进行异性交往。

(2) 不宜过分亲昵

过分亲昵不仅会使自己显得太轻佻,引起人们的反感,而且还容易造成不必要的误会,即使是已经确定关系的恋人也最好不要随意流露热情和过早的亲昵。

(3) 不宜过分冷淡

因为冷淡会伤害男方的自尊心,也会使人觉得你高傲无礼,孤芳自赏。

(4) 不必过分拘谨

在和男性的交往中,要该说就说,该笑就笑,需要握手就握手,需要并肩就并肩,忸怩作态反而使人生厌;反之,过分随便也不好,男女毕竟有别,有些话题只能在同性之间交谈,有些玩笑不宜在异性面前开,这都是要注意的。

(5) 不要饶舌

故意卖弄自己见多识广而哇啦哇啦讲个不停,或在争辩中强词夺理不服输,都是不讨人喜欢的;当然,也不要太沉默,老是缄口不语,或只是"噢""啊",哪怕你此时面带笑容,也容易使人扫兴。

(6) 不可太严肃

太严肃叫人不敢接近,望而生畏;但也不可太轻薄。幽默感是讨人喜欢的,而"二百五"地故意出洋相,还自以为幽默,就适得其反了。

(7) 留有余地

即使是结交知心朋友,但是异性交往中,所言所行仍要留有余地,不能毫无顾忌。比如谈话中涉及两性之间的一些敏感话题时要回避，交往中的身体接触要有分寸等。特别是在与某位异性的长期交往中，要注意把握好双方关系的程度。

异性之间的友情是一泓清泉，而不适度的交往就像投入泉心的石子，会搅浑它。有些界限不能盲目跨越，如果跨越了某个界限，就会使我们陷于污泥之中不能自拔，伤害了他人也伤害了自己。

异性友谊虽比较难处理一点，但只要双方保持克制，以纯真对待纯真，两性之间也能建立起良好的、高尚的关系，且能发挥优势互补的作用，这对双方都非常有益。

俗话说得好：男女搭配，干活不累。过犹不及！异性之间交往要适度，不要交往过密，也不要对异性朋友封闭自己。要在正常的范围内，热情大方地去和异性交往，找到自己真正的朋友。

6. 快乐是属于你自己的

任何时候，都不要为一个负心的男人伤心，女人更要懂得：伤心，最终伤的是自己的心。

有一个女孩失恋了，在公园里悲痛欲绝。

一位哲学家走来，轻声问她为什么哭得如此伤心？失恋的女孩告诉他说和青梅竹马的男友分手了，十年的感情

啊,说分就分了!好难受的,边说边哭。

这位哲学家听后却哈哈大笑,并且说:"这是好事啊!你还哭,真笨!"

失恋的女孩听后很生气地说:"你怎么这样,我遭受这么大的打击都不想活了。你不安慰我也就算了,居然还指责我。"

哲学家回答她说:"傻瓜,这根本就不用难过啊,真正该难过的是他。因为你只是失去了一个不爱你的人,而他却失去了一个爱他的人。"

失恋的女孩想了想,停止了哭泣。

如果一个男人开始怠慢你,请你离开他。不懂得珍惜你的男人不要为之不舍,更不必继续付出你的柔情和爱情。

当一个男人和你分手时你也不必哀伤和烦恼,应该笑着说:等你说这话很久了,然后转身走掉。收拾悲伤,好好生活。每天打扮得优雅从容地出门,给自己带上不同的笑容。对善意欣赏你的人回报浅浅的微笑。这才是你当前的首要任务。

要相信自己,善待自己,让自己的生活精彩纷呈。不要想让某个人后悔,而是为了让自己的人生活得更精彩。

这就是我们现实生活中相当常见的现象,热恋时山盟海誓,很多人会说:"离了你我就没法活了。"这是一种爱的夸张语言,在生活中千万不能真的如此去身体力行。在社会上、家庭中,你会有多种角色,但无论如何,你不属于任何人和团体,因为,你只属于你自己。

有一部关于杀手的电影。电影中，所有的杀手在训练期间都被切断了痛觉神经，这样，他们在执行任务的时候就不会怕疼了，就会勇往直前，直到把对方置于死地。其中有一个经典的镜头是，一个杀手单手吊在桥上，他的对手则用力地踩他扶在桥上的那只手。如果是平常人，肯定会因为难忍疼痛条件反射般地放开自己的手，但是，由于那个杀手没有痛觉，反而成功地逃脱了当时的危险，并在对手惊愕的瞬间将其制伏。

也许你会很羡慕电影中的杀手，要是我们能像他们一样没有痛觉，那么生活中就会少很多的痛苦，也就会更加美满和幸福。但是，我要告诉你的是，你最好还是看完了下面这个故事再作决定，否则到时后悔的人只能是你自己了。

据说，有一个女孩在13岁那年，不小心将手放在暖炉上，直到她闻到异味，才发现自己的手已经被烤伤了。她和家人都很奇怪，为什么她当时没及时避开。后来，检查发现，她患有先天性的神经发育不全症，没有痛觉。几年后，她因为没有发现自己被割伤，流血过多而死。

其实，痛觉并不是产生痛苦的原因，相反，它能告诉我们哪些刺激对我们有害，让我们避开有害的刺激。当我们碰到高温的物体时，身体就会产生疼痛的感觉，这就告诉我们高温的物体会灼烧我们的皮肤和肌肉，我们应当马上避开它；当我们碰到尖锐的物体时，身体也会疼痛，这就让我们避开它，并处

理自己的伤口。

身体通过疼痛,给出信号,让我们避开危险和有害物体,从而让我们保护自己,适应环境。如同一枚硬币的两面,人生也有正面和背面。光明、希望、愉快、幸福……这是人生的正面;黑暗、绝望、忧愁、不幸……这是人生的背面。

天气好坏,大自然说了算;心情好坏,自己说了算。一个人心态好、心情好,世界上一切都会变得很美好。反之,心态不好,心情不好,一切都会很灰暗,再好的东西都看不到它的好。

快乐是属于你的,你自己的快乐只有你自己才能寻找得到,如果你自己放弃了寻找快乐的权利,放弃了快乐,那你也就放弃了生活,放弃了你自己,谁也帮不了你。

7. 女人不要苛求完美

人生确实有许多的不完美,但我们可以选择走出不完美的心境,而不是在"不完美"里哀叹。这样,你才会成为一个真正意义上的快乐女人。

完美是上帝进化人类的诱饵,它是永远让人眺望而无法达到的目标。当时间向前移动时,一切就会重组。在新的空间里,人与外界所构成的关系,就会留下一连串时隐时现的玄机。

"求全"似乎是人性中的通病，我们都希望自己十全十美，但是这恰恰违背了世界的规律。世界正因为这不完美，才会生出许多个性、许多特点，才会如此多姿。

　　没有哪个女人是完美的，但我们可以说，每个女人都是闪光的，因为她一定有属于自己的亮点。一个长相平凡、身材普通的女子，她也许不妖娆、不娇艳，却拥有智慧的目光、善良的心智、磁性的声音，这些恐怕已经足够让你喜欢她了吧。

　　"哪怕遇到火灾或地震，我也绝不会不化妆就跑出去。"你听到过类似的话或身边有这样"视妆如命"的女性朋友吗？你一定会觉得奇怪，这些人究竟是怎么了，她们原本就是才貌双全没有什么可挑剔的啊！其实这些女性朋友是对自己要求过高，她们在潜意识里一直不懈地追求完美，过分注重外表只是她们的表现之一。这些女人就是我们所言的完美主义者。

　　追求完美是人的天性，女人尤其希望把自己打造成一个在各方面都不可挑剔的漂亮女神。然而，任何人生都不会是完美无缺的。追逐一个无法实现的美梦，当梦醒时势必会坠入痛苦的深渊。只有走出这种追求完美的梦境，努力接受现实，并在现实的基础上把自己打造得更美，才是一个真正快乐的女人。

　　在佛教的《百喻经》中，有这样一则可笑而发人深省的故事。

　　在印度有一位先生娶了一个体态婀娜、容貌娟丽的太太。两人情如金石，恩恩爱爱，是人人称美的神仙美眷。这个太太眉清目秀，性情温和，美中不足的是长了个酒糟鼻子，柳眉、凤眼、樱嘴，可在她的瓜子脸蛋上，却酿了

个酒糟鼻子，好像失职的艺术家，对于一件原本足以称傲于世间的艺术精品，少雕刻了几刀，显得非常的突兀怪异，于是这位太太终日对着镜子，一面抚摸着这只丑陋的鼻子，一面唉声叹气，埋怨上帝的残忍。

这位丈夫也是看在眼里，痛在心里，一日出外去经商，行经一贩卖奴隶的市场，宽阔的广场上，四周人声鼎沸，争相吆喝出价，抢购奴隶。广场中央站了一个身材单薄、瘦小清癯的女孩子，正以一双汪汪的泪眼，怯生生地环顾着这群如狼似虎、决定她一生命运的大男人。这位丈夫仔细端详女孩子的容貌，突然间，被深深地吸引住了。好极了！这女子脸上长着一个端端正正的鼻子，不计一切，买下她！

这位丈夫以高价买下了长着端正鼻子的女孩子，兴高采烈，带着女孩子日夜兼程赶回家门，想给心爱的妻子一个惊喜。到了家中，把女孩子安顿好之后，用刀子割下女孩子漂亮的鼻子，拿着血淋淋而温热的鼻子，大声疾呼："太太！快出来哟！看我给你买回来最宝贵的礼物！"

"什么样贵重的礼物，让你如此大呼小叫的？"太太狐疑不解地应声走出来。

"喏！你看！我为你买了个端正美丽的鼻子，你戴着看看。"丈夫说完，突然出其不备，抽出怀中锋锐的利刃，一刀朝太太的酒糟鼻子砍去。霎时太太的鼻梁血流如注，酒糟鼻子掉落在地上，丈夫赶忙用双手把端正的鼻子嵌贴在伤口处，但是无论丈夫如何努力，那个漂亮的鼻子始终无法黏着于妻子的鼻梁。

可怜的妻子，既得不到丈夫苦心买回来的端正而美丽的鼻子，又失掉了自己那虽然丑陋、但是却货真价实的酒糟鼻子，并且还受到无妄的刀刃创痛。而那位糊涂丈夫的愚昧无知，更是叫人可怜！

追求完美几乎是现代女性的通病，对于自身来说，胸部不够大去隆胸；腰部不够细去减肥；臀部不够美去健身；竟然连父母遗传下来的单眼皮，很多女人也要割上一刀。对于婚姻家庭的苛求就更不用说了。然而不幸的是，有些人以为自己是在追求完美，其实她们才是最可怜的人，因为她们是在追求不完美中的完美，而这种完美根本不存在。

完美主义是一把"双刃剑"，有利也有弊，一方面它是使人不断向上的动力；另一方面这种对完美的追求也是一个沉重的包袱，在现代社会的多方面压力下，它让完美主义者看到自己对现实的无能为力，从而变得急躁、自卑，甚至急功近利。它不仅使完美主义者本人觉得痛苦，更糟糕的是这种个性也会影响周围的人。

8. 懂得放弃的女人更有内涵

在漫长、现实，也是艰辛、严酷的人生历程中，要慢慢学会放弃，因为懂得放弃应该被看作是人逐步成熟的标志，是一

种美德。

　　大多数女人都希望自己的人生轰轰烈烈，认为生活就是经过大喜大悲后的刻骨铭心。然而，有的女人欣赏的却是那种散淡悠然的心境，这还不仅仅是因为这样的无欲无求有着一种超乎常人的坦然，一种淡雅温和的松弛，更重要的是，这样的女人才能在纷乱喧嚣的尘世中找到属于自己的空间，而决不会因为彷徨、迷惑而迷失自己，失去追求。于是，女人需要懂得放弃，因为对于每个女人而言，生活并不会是各种经历的简单堆砌。

　　女人这一生，不可能什么都得到，所以，女人在生活中必须明白：放弃不等于失去。今天的放弃，是为了明天的得到。人生路漫漫，不要计较一时的得与失，要知道放弃，如何放弃，放弃些什么。放弃，您就可以轻装前进；放弃，您就可以摆脱烦恼，摆脱纠缠，整个身心沉浸在轻松悠闲的宁静中去。另外，放弃还会改善女人的形象，从而使女人更显得豁达豪爽。进一步赢得男人的信赖，让自己变得更聪明，更能干，更有内涵。

　　玛西·卡塞尔是美国电视史上最成功的节目制作人之一。她从1980年开始自行制作节目，次年，汤姆·温勒加入，他们合作无间，创作了《天才老爸》的高收视率，这是美国播出最久的电视连续剧，其他如《焰火下的魅力》《来自太阳系三次云》等，也好评如潮，获得多次大奖。她这样总结她的成功之路："我非常热爱电视，早期我就很喜欢《回忆中的妈妈》和《爸爸知道最好的》两个电视节目，进入青春期时，《末烙印的小牛》中那个英俊的男主角，让我特别着迷。

在大学，我主修英国文学，对写作和表演，也有些许天分。21岁大学毕业后，前往纽约闯天下。

在纽约，我找到一份工作，是在ABC国家广播公司做参观讲解员。这栋大楼是野心家的温床，许多人不择手段地想要得到往上爬的机会。很幸运，我几个月后就升任《今夜》节目制作助理，然而，我并不太喜欢这份工作，大多是做一些办公室的杂务，回影迷的来信之类的。

我开始转变事业方向，到一家广告代理公司的电视部门工作。我知道自己对广告工作是毫无兴趣的，然而，这却是一种很不错的锻炼机会。我们这组一共有三个人，平日的工作说起来有点像间谍，每天要观察哪个频道的哪个节目收视率最好，然后仔细分析节目的分镜时段、制作素质，向客户提供一份完整的报告，最后建议最佳广告时段，而我提出的建议大都能得到客户的肯定。但是，我始终知道，我的兴趣在制作电视节目。

在好莱坞，我认识了正要开设制作公司的罗吉，他有堆积如山的剧本，需要有人帮忙审核。我决定争取这份工作，答应先免费帮助他看那些剧本，直到他愿意聘请我为止。我成功了。我在这家公司干了好几年，然而我喜欢的事业还是没有半点踪影。直到有一天，我听说ABC美国国家广播公司想要找一些有才气、有创意的人一起组成庞大的制作群，共同经营频道，我立即前往应聘。我坦白地告诉面试主考官伊塞，告诉他我已经有3个月的身孕，如

果他觉得应该延长对我的考察,直到小孩出生以后的话,我没有意见。没想到他却说:'我太太和我也有一个婴儿,可是我回到岗位继续工作,你呢,是不是也要和我一样?'最后,他聘用了我。

我真的欣喜若狂,因为终于可以接触到电视工作的核心。当然,对我来说,这也是一个'如临深渊,如履薄冰'的地方,我虽然有一点小聪明,但是却没有能力处理办公室里的人事斗争,在这里,每个人不是迅速升职,就是被迅速开除。我没有被开除,我在ABC工作7年,离职前,我的头衔是'黄金时段节目制作资深副总经理'。

我们不断生产十分有趣、充满活力和不同风格的节目,但多年后,那种充满创意的环境在慢慢消失,我觉得是自己离开ABC的时候了,我要自己创办一家电视制作公司。

我们决定不受外界干扰,在没有制作出一个我们觉得品质不错的节目时,决不轻易推出上档。我们一共花了三年时间,才推出一个成功的喜剧系列节目——《天才老爸》,一播就播了8年,在1988年—1999年期间,我们还创下了其他制作公司望尘莫及的成绩:同时拥有3个成功的电视节目——《天才老爸》《罗丝安娜》和《不同的世界》。"

成功之路其实很长,其突出的特点就是不断选择,包括放弃一些令人羡慕的职务,如"ABC"黄金时段节目的制作资深经理,最后自己创业,这条路风险很大,但有能力的女人,不妨试一下。

生命中的许多经历都会随着岁月之河的冲刷而渐渐淡去，沉淀下来的那些可能曾被您自己认为是平庸的故事却成了永恒。蓦然回首，所有的女人都会发现，有些东西的放弃当初显得是那样的难，但在现在看来，却又是那样的应该和自然，原来，放弃的过程铺就了您呈现成熟美丽的那片宽阔。

没有任何人能够为天下所有的女人决定什么该放弃，什么该留下，全在于女人自己。在于自己是不是懂得放弃这一美德。没有无代价的收获，为了未来的与众不同，就要放弃一些东西……

（1）打扫心灵

女人的生命中有太多的积压物和太多想象出来的复杂以及一些扩大化了的悲痛，这些都抑制了生命能量的挥发，弱化了生活的幸福感。

经常使用电脑的人都知道，回收站是需要经常清空的，否则会占用过多的空间，影响计算机的运转速度。人的头脑也是。您不能什么都扔掉，但您也不能什么都留着。聪明的女人是善于取舍的人，是适时取舍的人，更应该明白幸福是需要眼光去辨别，更需要勇气去放弃，有太多心事的女人是走不快的。

而生命的难度也正在于此，女人要不断清扫和放弃一些东西，因为"生命里填塞的东西愈少，就愈能发挥潜能"，而清扫心灵则是一个挣扎与奋斗的过程。就像川梅的那首《赶路去》所喻示的，人生本来就是一个不断挥手的旅程，少年要告别家乡，伤心人要告别伤心地，雄鹰要告别安逸，快乐要告别

悲伤。没有告别，就没有成长，要坚强，就要勇于转身。离别是为了更好地相聚。

（2）知难而退胜过知难而进

知难而退有时比知难而进更重要，也更富有智慧。"如果一开始没成功，再试一次，仍不成功就该放弃；愚蠢的坚持毫无益处。"在正确的时机谢幕，是一切精彩演出的高潮。

结束一件事或一份感情，有时要比开始难许多。有些时候，女人为什么明知道错了，还不去改。不是您的，为什么还不放弃？知错就改，是一个女人有力量、有决心的标志，更是一个女人有希望、有成就的根本。其实生活很简单：东西丢了，我一下实在找不到，就忘了它，去找下一个。摔倒了，爬起来，拍拍灰尘，继续赶路。不能尽快地结束，就不能尽快地开始，不能很好地结束，就不能很好地开始。

知难而退对于女人来说，还意味着不要后悔，因为"后悔是一种耗费精神的情绪"，后悔是比损失更大的损失，比错误更大的错误。心还在梦就在，女人就可以从头再来。从头再来也是一种人生的豪迈。

（3）慢慢老去

每个人都是要迟早告别尘世的，但大多数人并没有感觉到死神的接近；不会想到生命过一天就少一天，每一天人都在向终点迈进。因为死是一个缓慢的过程，这个过程所经历的事情吸引了我们的注意，反而忽略了最终的结果。

一种生活模式或者一个组织也是如此，有时候女人已经看到了它的致命缺陷，看到了它的悲剧结局，但因为它是慢慢死去的，死的过程中还保留着希望和幻想，所以便始终留恋它，为它付出心血，直到最后和它同归于尽。

许多危险都是慢慢来到的。在不知不觉中，女人已经与那些注定要消亡、要被淘汰的事物交织在了一起，女人知道和它在一起没有前途，但自己已经习惯它了，除非亲眼看到它死，否则很难下决心离开它。女人是很容易成为习惯的奴隶的，不分开，有时只是因为习惯了。

但问题是，人做任何事是有机会成本的，您选择了这个，就要放弃其他，您放弃的越多，您手中的这张牌看起来就越重要，您也就越放不下它。其实许多时候，一件事物的重要性是时间赋予的，而它本身并没有什么。

只有女人在放弃的过程中，才能寻求不断地进步，不断提高自己的修养。女人要爱惜自己，不要失去了做女人的魅力。

第六章 刚刚好的女子，不任性不撒野

很多女人把任性的小脾气揣在兜里，时不时地就拎出来向男人发泄一下。她们从来不顾及男人的承受能力，只要是不合她的心意，她就会发脾气。然而，生活中的女人毕竟不是林黛玉，男人也不是贾宝玉，当琴棋书画的浪漫过后，还是得回到柴米油盐酱醋茶的现实中来，没有哪个男人愿意整天赔着笑脸哄着那个爱哭的林妹妹。

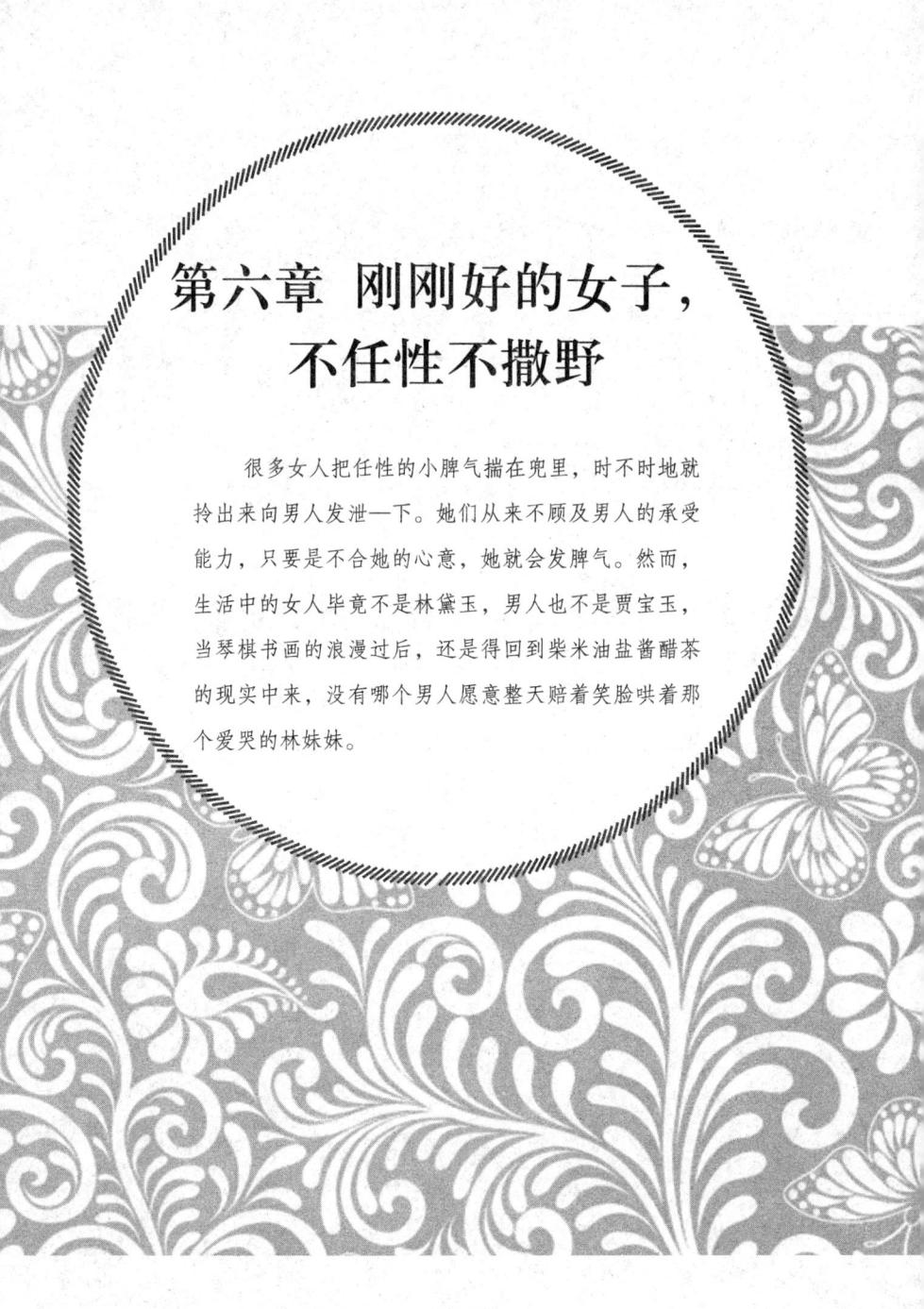

1. 撒娇而不要撒野

看过《粉红女郎》的女人，都会很羡慕剧中的那个会撒娇的幸福女人万人迷，都希望自己也能把娇撒得像万人迷那样令人神魂颠倒，都希望自己的身材可以成为万人迷那样性感的"S"形，都希望自己拥有万人迷那样的性格和智慧。万人迷就是个幸福的女人。

撒娇是幸福女人最富有"杀伤力"的武器，下面这个例子就是最好的明证：

马大娘自从老伴去世后，含辛茹苦地拉扯着两个儿子——马钢和马铁。眼瞅着马氏兄弟都长成了五大三粗的小伙子，马大娘打心眼里高兴。去年春天，大儿子马钢娶了媳妇，二儿子马铁也谈上了对象，马大娘心里高兴了，苦日子终于熬到了头，这下该安度晚年啦。谁知，儿子却没有让老人家安享晚年。马钢结婚时间不长，新房里便时常发生一些"战事"。马钢打小就性如烈火，谁知他的妻子也如此，本来一件小事，丈夫不冷静，妻子也不忍让，针尖对麦芒，每次都是越吵越凶，到最后总酿成一场场恶战。马钢夫妇"战事"不断，感情渐伤，双方都觉得再也

难以过下去，只好办了离婚，各奔前程了。

转眼又是一年，马铁也热热闹闹地把新媳妇娶回了家，马大娘却又担上了心。当娘的最了解儿子，马铁的脾气可不比他哥哥强多少，也是动不动就吹胡子瞪眼，弄不好就抡拳头。马大娘密切注意着这对新婚燕尔的年轻夫妻，随时准备着去排解"战争"。这一天终于来了。不知为什么，马铁扯着牛嗓子对妻子大喊大叫。马大娘闻听"警报"，立即闯进了小两口的房间。马大娘看到，马铁黑着脸，拳头已高高举起。"浑小子，你——"马大娘话还没说完，却见二儿媳一不躲，二不闪，冲着丈夫柔情蜜意地一笑，娇滴滴地说："要打你就打吧，打是亲，骂是爱嘛。可就别打得太重了。"这下可好，马铁不但收回了高举的拳头，连黑着的脸也被逗了个"满园桃花开"。可能发生的一场风波顿时平息了，马大娘被儿媳那股撒娇样儿逗得差点笑岔了气。日子一天天过去，马大娘发现二儿子发脾气举拳头的时候几乎不见了。后来，二儿子对她说："妈，我算服了她了，还是她'厉害'，有涵养。"马大娘也由衷佩服这个懂得"撒娇艺术"的儿媳妇了。

"撒娇艺术"，其实就是古之兵法上"以柔克刚"的艺术。老子认为"柔弱胜刚强"，他说："天下柔弱莫于水，而攻坚强者莫之能胜，以其无以易之。"这句话的意思是说，天下没有比水更柔弱的东西了，但是任何坚强的东西也抵挡不住它，因为没有什么可以改变它柔弱的力量。恰当运用"柔"，任何坚强的东西都会为之融化，巧妙地运用"撒娇"，就等于为婚姻安上了一个"安全阀门"。

也许有的妻子听了这个观点很不服气:"夫妻平等,谁都有个自尊心,难道让我屈服在辱骂与拳头之下,还要赔笑脸?我可不能服这个软!"要是这样理解可就错了。妻子给丈夫一个笑脸、一句幽默话,绝不是软弱的表现,而恰恰能显示出一个为人妻者的智慧、修养、气质和涵养。面对这样的妻子,只要不是那种压根儿没有人性、理性或对你根本没有感情的丈夫,相信谁都会在这大家风范面前败下阵来而自惭形秽,并在这种潜移默化的熏陶中受到影响,自觉纠正自己的偏激性格和行为。

还有一种撒娇,我们称之为女人的战略性撒娇,就是用怕黑、怕冷等传统"弱性诉求"为方式,来获得丈夫甜言蜜语的安慰、鼓励或者肢体安抚,或者用以掏空丈夫腰包、左右他的决定,甚至留住丈夫的目光。古代很多昏君为了博美人一笑不惜发动战争或者杀人放火。枕边风的威力是不可忽视的,所以聪明的女人,为了达到自己的目的,与其和男人歇斯底里地争吵,还不如对他温柔地撒个娇,往往会达到意想不到的效果。

巧用"撒娇"艺术,确是夫妻交往中消除隔阂、增进了解、陶冶性情、加强涵养的具有实用价值的好办法。做妻子的,当丈夫发脾气时,不妨试试这招"撒娇绝技";当你的丈夫心情郁闷时,不妨打打这支女人特有的"独门暗器",这对增进夫妻之间的感情,肯定会大有益处。为人妻者请牢记:"撒娇"是对付老公的重要法宝。

其实,每一个女人差不多都会撒娇,不过撒娇也要讲究一些方式才会让男人心动。下面,我们就简单介绍几种撒娇的

方式。

（1）昵称

在没有人的情况下，你可以唤他名字尾字的叠音，要唤得自然，而且坚持下去，会收到意想不到的效果。

（2）眼泪

将自己不幸的事情或悲惨的遭遇讲给他听，让他起怜惜之心，然后顺势趴在他的肩头，伤心地哭泣，这时他怎么也不好意思把你的头从他的肩上挪走。

（3）轻轻的一个吻

在距离很近的时候，迅速地在他脸颊上吻一下，然后逃开。这应该算投石问路，如果他下次不是有意避开你，你就十拿九稳了。

（4）"没什么事，只是想你了。"

这是最能让对方感动的一句话，男女通用。你可以在几乎任何时间、任何地点，通过任何方式、任何手段，如电话、微信、电子邮件等来告诉他这句话。相信任何一个真正爱你的人都会感到被你爱着的温馨。

（5）"饭在锅里，我在床上。"

这么一句话，虽然俗气而又简单，不过，可别小瞧了它的威力。它既表达了家庭的温馨，又展现了女性的诱惑。可以让加班或正在娱乐场所流连的他收到这个信息后，急于马上打道回府与你缠绵。

（6）用点亲密的小动作

在他头发上粘有东西的时候细心地帮他拿下来，在他衣领不整齐的时候顺手帮他整整领子，这些只有夫妻之间才有的亲密小动作，会令他觉得温馨却不多余，只有浓浓的暖意抚摸着他的心。

（7）适当地用一些甜蜜言语

当你的丈夫在气头上时，你适当地用一些甜言蜜语，就可以化解他心头的怒气，使你们之间的紧张关系又和好如初。

（8）用哄小孩的方式安慰一下

男人其实也就像一个大孩子，如果他脾气上来了，或者你们之间发生了矛盾，也需要你像哄小孩一样哄一下他，这样可以使他的情绪好起来。

当然，撒娇的方式有许多种，只要我们在现实中细心观察就可以学到很多。学到后，还要善加揣摩，运用到自己的实际生活之中。

当然，撒娇也要有个度：每一个女人都曾经被男人当成宝贝宠着，只是有的女人不懂得男人的累，她们认为男人天生就要包容女人。如果说男人一个不小心忽略了自己，她就会开始无事生非，而且会在撒娇闹小脾气之余撒野、撒泼。这样的女人变得越来越不可爱，也不会有男人用耐心来哄这样的女人。其实，当两个人从恋爱走进婚姻，男人都希望女人能够变得懂事起来。当女人撒野的时候，男人不知道那是因为女人想让他去哄，只会认为女人不够温柔，不够体贴。而面对一个整天只会发脾气的女人，男人只会有一个想法，那就是逃离。

同时，撒娇也要分场合：不是随时随地都可以对自己的男人撒娇，如果想让自己的生活更加幸福，就一定要摸清情况，看准场合。

另外，撒娇也要看对象：男人若不爱女人，在男人眼里，

女人的撒娇只能是滑稽可笑的,甚至是装模作样的表演。这时,女人的撒娇非但不会增进彼此之间的感情,反而会让男人觉得厌恶乃至恶心。所以,女人千万要记住:撒娇是要看对象的。不是所有的男人都喜欢看你撒娇,在不爱你的男人面前撒娇,实际上是在让自己出丑。

那么,聪明的你就做一个能撒娇且会撒娇的女人吧,这样你就会更有女人味,也会是个幸福的女人,最重要的是会撒娇的女人有人疼。

2. 遇事要尽量想开些

对于一个女人没有宽容的思想和精神就难以造就伟大的人格;对于社会来说,宽容是一种文明和进步。而在生活中,一个宽容的女人必定会给男人予鼓励,男人需要女人对自己的多一点宽容。

天空收容每一片云彩,不论其美丑,故天空广阔无比;高山收容每一块岩石,不论其大小,故高山雄伟壮观;大海收容每一朵浪花,不论其清浊,故大海浩瀚无比。

许多女人都有"遇事想不开"的心理倾向,当有人劝她们想开些时,她们会说:"宽恕别人是一种美德,宽恕自己无异于自杀!"这种不肯宽恕自己的笨女人将背着心灵的包袱终生受累。所以,聪明的女人要学会宽容,只有懂得宽容的人才能更快乐地生活。给别人带来幸福的同时，给自己也带来快乐。

有一位普通主管，她的职责之一是监督一名清洁工人工作。他做得很不好，其他员工时常嘲笑他，并且常常故意把纸屑或其他的东西丢在走廊上，以显示他工作的差劲儿。这种情形当然很不好，而且影响工作质量。

这位女主管试过各种办法，但是都收不到效果。不过她发现，这位清洁工也偶尔会把一个地方弄得很清洁。她就趁他有这种表现的时候在大众面前公开赞扬他。于是，他的工作从此有了改进，不久他可以把整个工作都做得很好了。现在他的工作可以说再没有别人好挑剔的地方，其他的人对他也大加赞扬。

宽容是修养、是品德、是内涵、是心态。在宽容面前，争吵和计较大可不必，即使你拥抱着真理，也不妨学一些温柔，因为有朝一日说不定您也会犯一些不可挽回的错误。在宽容面前，赌气和嫉妒都是不好的习惯，不能善待别人的长处和毛病，你将会养成叫别人难以亲近和忍受的坏脾气。在宽容面前，过激最值得商榷，除非你不打算继续交往。否则，还不如学会宽容；因为任何女人和任何男人，不可能没有你看不顺眼的缺点和惹你不快活的毛病。高山因为承受着土石树木，所以才变得雄伟；大海正是容纳了百川，所以方显得辽阔。要记住弥勒佛像两边的对联："大肚能容，容天下难容之事；开口常笑，笑天下可笑之人。"如果能对任何不顺心的事情都能一笑了之，生活中不开心的事就会减少。记住：任何事情退一步都

是海阔天空。

我们不能不说这名女主管很聪明,相反,看看下面这个女人的做法。

有一位女性,才华容貌都很出众,可在事业上却一直不顺利。为什么呢?很重要的一个原因就是她太精明了。每次与朋友见面聊天,总是听她抱怨、指责别人,这些人包括她的合作伙伴、朋友以及下属,她会一针见血地指出每个人的缺点和不足,然后抱怨同这些人相处有多么困难。

朋友劝她:与人相处要尽量地看人长处,用人长处,不要老盯着别人的缺点不放。但她依然如故,自己的生活也依然很不顺心。

有不少优秀的人可能有着与这位女士同样的毛病。他们自视甚高,自律甚严,在他们眼中,周围的人身上全是毛病,他们用自己的标准和好恶去衡量、要求别人。他们不乏精明,但少了一份聪明的糊涂和容人的胸怀。这样的人在需要处理某些果断的事情上面也许还行得通,但大多数情况下不受欢迎。

当你学会了宽容,也就学会了善待自己,从而使自己保持了一颗平常的心,增加点浪漫的情调,培养点超常的品位,开拓下自己的眼界,提高一下自己的生活质量。你会发觉,自己过得好了,一切也都好了。

3. 失恋不能失态

姻缘并非你所能够左右,并不是每一个女人的爱情都会一帆风顺,在一个女人的感情经历中,失恋是经常要发生的。有时候,你追求一个人怎么都追不到,那是因为他原本不属于你。所以,倘若他执意分手,或者你们到了该分手的时候,那么就释然吧。只是,不要为失恋太过伤心,更不要因此放弃对爱情的追求。没有爱情的人生是不完美的,应该继续去叩响爱情的大门,或许那个真正给我们幸福的人,正在不远的前方等待。

有人说,觉得失恋痛苦的女人,是因为在感情中付出太多,回不了头。也有人说,失恋给人的感觉就像嘴里长了溃疡,越痛越要去舔,越舔却痛。其实,女人是在失恋中成长的,失恋会让女人及时修正自己的生活习惯和思维方式,失恋会让女人更加懂得如何去爱。

每一段初始如烟花般美丽的感情,到分手时都免不了变成一堆灰烬。看穿了,失恋不过是女人必经的一段路。所以,女人,分手来临就应该如歌中所唱:"放下痴迷,关上昨天,当爱已划出界线,应该有人说再见,不心碎不伤悲也不埋怨。寂寞是风中灰尘,轻轻吹落后是一片蓝天。微笑是泪水的另一面,谢谢你给了我成熟的机会。"失恋不能失态,失恋的女人

要保持美丽

对于失恋,每个女人都有各自不同的感受,但女人们在一点上非常有共识——失恋不能失态。

看过《瘦身男女》的人一定都记得,里面美丽苗条的女主角,为了一个男人而害上暴食症,胡吃海塞,把自己变成一个大胖子。女人们应该明白,你可以失去这个男人,但绝对不能因为这个男人而丧失对未来生活的判断,绝对不能因为这段感情而丧失对爱情的期待和向往,绝对不能因为这个男人的"不选择"就对自己的美丽来一个全盘否定。

丽丽已经30岁,是一个程序设计员,有一个相恋3年的男朋友。她一直以为爱情不需要那一张纸来约束,以为这份爱情的程序是由她来设计的,当然就会依照她的想法走。但爱情还是溜掉了。丽丽一个人消沉了许久,每天胡乱洗脸,随便捡件衣服套在身上。直到有一天,丽丽突然发现,镜子里的自己有一对熊猫眼,皮肤蜡黄,衣服邋遢得要命……她才知道不能再沉迷下去了。

丽丽到美容院躺下,接受美容师轻柔地"抚摩"。听着优美缓慢的 SPA 音乐,看着她日渐美丽白皙的肌肤,丽丽内心的郁闷和压抑就少一点点。丽丽还为自己制订了健身计划,她参加了健身俱乐部,每周1次健美操、1次瑜伽、1次拉丁舞,剩下的几天还可以在俱乐部的健身器械上跑跑步,让教练一对一地指导一下。就这样,3个月下来,丽丽整个人轻松了很多,健康红润了很多,而且居然轻了10斤。去商场试最新款的低腰牛仔裤时,感受到了不少人羡慕的眼光。

恋爱是一次已完成的选择,失恋面对的是即将而来的选择。丽丽的选择是正确的,失恋了,她没有因此而沉沦,却在失恋中收获。而这段有美丽相伴的日子里,让她在面对未来的时候充满了信心。既然爱情无法挽回,那么,你要留住你的美丽,甚至要让自己变得更加美丽。虽然世上并没有清除失恋之痛的药,只有期待时间来抚平伤痛,但我们仍可用一些积极的行动来保持自信和尊严,减少自我伤害,继续往前走!

美丽,可以有若干方式。如果一个女人在她失恋的时候也可以微笑着、美丽着、继续着,这种美丽才是永远的美丽。

4. 女人要学会控制自己的怒气

生活中,很多人都会被冲动的想法控制,造成严重的后果,当自己平静下来后,又会为自己的所作所为后悔。要知道世界上没有卖后悔药的,与其被冲动的想法控制,还不如甘愿成为时间的俘虏,给自己足够的时间去思考令你气愤的事或人,然后再做出决定,这样才不会后悔。

一天,在咖啡馆里,一对情侣因为一些小事发生了口角,双方互不相让,然后,男孩愤然离去,留下女友一人

在咖啡店里独自垂泪。

心烦意乱的女孩不停地搅动着面前那杯柠檬茶，杯中未去皮的新鲜柠檬片已被她捣烂，柠檬茶也泛起了一股苦涩的味道。

为了泄愤，女孩叫来服务人员，要求更换一杯去皮柠檬泡成的茶。服务员将女孩子的所作所为全部看在了眼里，可是他并没有说什么，只是按照她的要求，给她换了一杯新的柠檬茶，不过，茶里的柠檬仍然是带皮的。女孩见状，更加恼火，她又叫来服务员，似乎欲将满腔的愤怒全部倾倒在服务员的身上，她愤怒地说："我跟你说过了，我要去过皮的柠檬茶，难道你没听到吗？"服务员静静地看着女孩，依然没有说话，似乎有意充当女孩的"出气筒"，当女孩发完牢骚后，服务员有礼貌地对女孩说："小姐，请不要着急，你可能有所不知，带皮的柠檬经过充分浸泡之后，它的苦味才能溶解于茶水之中，形成一种清爽甘冽的味道，这种味道刚好是您现在所需要的。所以请您耐心等候，急于求成什么事都办不成，包括品茶。如果您想在3分钟之内把柠檬的香味全部挤压出来，那样只会把茶搅得很浑，把事情弄得更加糟糕。"

听了服务员的话，女孩似乎明白了什么，心里有一种被触动的感觉，她抬头看着眼前站着的小伙子，心平气和地问："那么，要等多长时间才能把柠檬的香味发挥到极致呢？"小伙子笑着告诉女孩说："12个小时以后，柠檬中的精华就会全部释放出来，融入茶中，那时你就可以品尝到一杯美味的柠檬茶，只要你耐心等待。"

服务员顿了顿,继续说道:"其实处理生活中的琐事和泡茶的道理如出一辙,只要你肯付出12个小时的忍耐和等待,你会发现,那些令你烦躁的事情并不像你想象的那样糟糕。"女孩似乎对他所说的话不甚了解。服务员大概看出了女孩的心思,微笑着解释道:"我的意思是想教你泡制一杯味道鲜美的柠檬茶,顺便和你讨论一下做人。"

回到家后,女孩开始按照服务员的方法动手泡制柠檬茶。她把带皮的柠檬切成小圆薄片,放进茶里,然后静静地观望着柠檬片在杯中的变化。随着时间的推移,她发现它们开始慢慢地张开,柠檬皮的表层好像凝结着许多晶莹细密的水珠。刹那间,她体会到了柠檬茶的真正含义,那一次她品尝到了有生以来最为绝妙、最鲜美的柠檬茶。

女孩明白了,由于柠檬长时间浸泡在茶中,柠檬的灵魂就会随时间的延长而逐渐深入其中,才会产生令人难以忘怀的味道。做人如同泡茶,只要有耐心,一切矛盾都可以化解。

正当女孩深思时,门铃响了。门开后,只见男孩手捧一大束娇艳欲滴的玫瑰花,站在女孩面前。男孩温柔地说:"还能再给我一次机会吗?"

女孩没发一语,只是用清澈的眼睛望着男孩,10分钟后把他拉了进来,在他面前放了一杯她亲手泡制的柠檬茶。

男孩端起杯子欲饮,却被女孩阻止了。男孩不解地望着女孩,女孩神秘地告诉他12个小时以后才可以喝。

男孩更加困惑了,不解地问:"为什么非要等那么

久呢?"

女孩说:"我们都太过于急躁了,遇到问题时总是不能冷静地思考,所以一直被冲动的想法控制着行为。如果我们可以灵活一点,好好地利用一下时间,让自己冷静下来,会发现其实没有什么大不了的事。咱们来个约定吧,以后,不管遇到多少烦恼,任何人都不许发脾气,切勿让急躁的情绪钻空子。"男孩赞同地点了点头。

女人如果缺乏耐心,易被内心的情感所控制。女人要想不做出令自己后悔的事,就要学会控制自己的怒气,要理智,不冲动,给自己更多的思考空间,等心情平静,头脑清醒后再做决定。

(1)将"怒火"扼杀在摇篮里

任何一种情绪在刚开始的时候都是容易克制住的。当你开始觉得不愉快、气愤的时候,不妨尝试着延迟开口说话和反驳的时间。"10秒钟之后……20秒钟之后……我再说话",或者干脆在生气和体内充满怒气的时候不要说话。

(2)多回头想想

不要一味地想对方怎么让你恼怒,多"回头"想想:他并不是我不共戴天的仇人;他并没有怎么损害我;也许他并不是有意的。

(3)找个"出气筒"

要是能够在不伤害他人的前提下把怒气发泄出来,也是很好的办法。比如,有的女孩子喜欢生气的时候逛街、吃零食,以此忘记恼怒的事;你可以找个空旷的地方,大声喊出你要说的话；你可以把一腔怨恨写在纸上，或者乱写乱画……

总之，办法多的是，多掌握一些控制和发泄愤怒的手段有利于你自己的身心健康，也利于你和周围的人更加融洽地相处。

5. 理解和宽容才能营造甜蜜爱情

爱情的成功与否其实暗含着很多原因。我们要有付出的能力、理解的能力、宽容的能力和自我承担的能力。付出才能得到回报，理解和宽容才能营造爱情继续生长的环境，自我承担才不致使爱情成为萎靡不振的祸首。

夫妻之间没有多少实质性的矛盾。只是为一些琐事你争我吵，却坏了情绪，误了正事，甚至或多或少地影响了夫妻之间的感情，这样确实不值。聪明的女人明白，夫妻双方应该学会互相谦让，互相理解，这样生活才会轻松起来。与其埋怨争辩，不如低头让步。埋怨只会让夫妻感情步入狭小的胡同；而低头让步，眼前却会豁然开朗。

有一天，夫妻二人决定坐下来好好地谈谈。他们之间实在是存在太多的问题需要解决了。

妻子说："你有多久没有回家吃晚饭了？"

丈夫说:"你有多久没有起床做早饭了?"

妻子说:"你不回家陪我吃晚饭,我有多寂寞啊。"

丈夫说:"你不给我做早饭吃,你知道上午工作时我多没有精神。上司已经批评我好几回了。"

"早饭你可以自己弄的啊,每天回来那么晚吵我睡觉,我怎么能起得来。你可以不回来陪我吃晚饭,我就可以不给你做早饭。"妻子不高兴地说。

"你知道我一天上班有多辛苦,压力有多大。一个晚饭,自己吃怎么了,难道你还是孩子,要我喂你不成?"丈夫也没有好气地说。

妻子抱怨说:"你总是喝得烂醉而归,有多久没有给我买花,多久没有帮我做家务了。"

丈夫也不甘示弱地说:"你知道你做的饭有多难吃,洗的衣服也不是很干净,花钱像流水,有多久没有去看我的父母了……"就这样,夫妻二人你一句我一句地互不相让,最后竟翻出了结婚证要去离婚。在去街道办事处的路上,他们遇见了一对老夫妇正相互搀扶慢慢走着,老妇人不时掏出手帕给老公公擦额头上的汗,老公公怕老妇人累,自己提着一大兜菜。这对年轻夫妇看到这个情景,想起了结婚时的誓言:"执子之手,与子偕老。休戚与共,相互包容。"可是现在竟然……于是他们开始互相检讨。

丈夫说:"亲爱的,我真的很想回家陪你吃饭,可是我实在工作太忙,常常应酬,并不是忽略你啊。"

妻子不好意思地说:"老公,我也不对,不应该那么小气,你在外工作挣钱不容易,早上我不应该赖床不起的。"

"早饭我可以自己热,每天回家那么晚一定吵你睡不好觉,你应该多睡会儿的。"

妻子也忙检讨自己……

就这样,这场离婚风波平息了。从此之后,夫妻俩变得互敬互爱,彼此宽容忍让,更多地为对方着想,恩恩爱爱。其实,导致婚姻失败、爱情终结的常常都不是什么大事,而是一些日常琐碎小事中的摩擦,无休止的埋怨。而埋怨只能让彼此疏远,让爱情更早地被葬送。争吵的危险倾向是算旧账、翻老底,争吵的最好结局是达成新的谅解。宽容才能让彼此互相交流、融洽,宽容才能让感情更融洽。但宽容也是有原则的,并不是一味地忍让。要常常换位思考一下,不要把自己的想法强加于人,要给予对方解释的机会,这样才能让婚姻更完美,幸福更长久。

白头偕老不是一句空泛的誓言,而是融入我们每一天的生活细节里的行动。白头偕老不仅仅需要爱情的支撑,更需要彼此的宽容和礼让,而这宽容正体现在日常生活中。

夫妻之间的相处,难免会有一些磕磕碰碰,聪明的女人懂得在细节中给予对方更多的关心和体贴,而一些笨女人则动不动就揪住"鸡毛蒜皮"的小事不放。在生活中,如果丈夫发牢骚,妻子决不能采取"以牙还牙"的顶撞态度,而应有"宰相肚里能撑船"的气量,暂且不去计较丈夫的话说得难听或是否符合事实,而要多想丈夫平时对自己的恩爱,过后再找机会向丈夫说明原因,这样就可避免一场不愉快的"冲突"。

6. 做个善解人意的女人

女人富于幻想,也爱做梦;在爱情占有上是永无止境的。女人永远是甜蜜事业旋转的主轴。所有的女人都希望婚姻是爱情梦的一种延续,但男人在实际生活中,因疏忽而犯的错误,或无意间说了错话,伤了对方的感情,都可能给爱情蒙上阴影。因此,作为一个善解人意的女人,在魅力的法则上,会给对方更多一些理解。

善解人意的女人是最聪明的女人,是最"女人"的女人。善解人意的女人最有女人味,善解人意的女人最让爱她的男人放不下。

善解人意的女人很会设身处地进行换位思考。比如在婚姻生活中,她知道躺在身边的这个男人虽然是她今生今世的至亲至爱,但作为一个个体的男人,他那颗心属于她的同时,更多的还是属于他自己;她知道,对于男人来说、外面的世界的确比家里要大得多;她还知道这个男人对她很爱恋,但男人的事业还是不同于爱情。

因此,善解人意的女人无论在什么时候都不会把男人当成私有财产,要男人对自己言听计从,不会在男人忙于工作时抱怨男人不顾家,也不会要求男人时时刻刻牵挂着自己。

善解人意的女人知道好的男人就像是高空中盘旋的鹰,只有当这鹰很累了想要休息了的时候，才会回到女人身边，才会想起享受他的爱慕。

善解人意的女人是娴静的。善解人意的女人该是"守如静女，出如脱兔"里所指的"静女"。就像你不会忽视了挂在厅堂里的一幅淡雅的水墨画儿一样，在稠人广众之中，你也不会忽视了一位安静地独坐一隅的善解人意的女人。

善解人意的女人不会轻易受外界的干扰，任凭一些红男绿女在那里吵翻了天，她仍能独守着那一份娴静。她会专注于你的谈话；你提问的时候，她会轻声儿地回答。当她高兴地望着你的时候，她脸上的笑窝也是浅浅的，让人联想起荷塘上小鱼儿跃出水面的情景。

善解人意的女人如果结了婚，多半能够成为贤妻良母。她会让自己的小家无论什么时候都干净整洁，让所有的家具、摆设都纤尘不染。她会让一日三餐变化出无穷地花样，让丈夫和儿女一年四季总是穿戴得干干净净、整整齐齐；总是像模像样儿地出现在人前人后。她会让家庭的每个成员，走到天涯海角也忘不了她每天为大家冲泡的一杯咖啡、一盏热茶……

善解人意的女人在结婚之前，心是系在父母身上的；结婚以后，心就系在了丈夫和儿女的身上。善解人意的女人是一朵美丽的花儿，她永远娇艳地开放着，为了自己心底最爱的每一个人。

善解人意的女人并不认为自己有多么高贵，犹如美玉从不知道自身的价值。她以一颗善良的心面对周围的一切，按自己的本分做自己应做的事情。

善解人意的女人受到了伤害或委屈的时候，会默默地流

泪,会向最亲密的人倾诉。她不反抗,更不会报复。

善解人意的女人是这样一种女人,她对人生已经有了一定的领悟,她知道自己身边的这个男人虽然是她今生今世的至亲至爱,但作为一个个体的男人,他那颗心在属于她的同时,更多的还是属于他自己;她知道,在男人骨子里事业还是胜过爱情。

因此,善解人意的女人无论在什么时候都不会把男人当成私有财产,要男人对自己言听计从,不会在男人忙于工作时抱怨男人不顾家,也不会让男人时时刻刻牵挂着自己。善解人意的女人知道好男人就像是在高天中盘旋的鹰,只有当这只鹰很累了或是想要休息时,才会回到女人身边,才会想起享受她的爱情。

善解人意的女人知道男人既刚强又脆弱,而且有的男人把荣誉和脸皮看得比生命还重,因此善解人意的女人知道在男人的精神世界里有哪些禁区,她总是很小心地不去碰这些禁区,她总是想着不要使男人的尊严受到伤害。

善解人意的女人绝不会和自己的男人斗气斗勇,绝不会像泼妇一样把男人打得像只斗败的公鸡。善解人意的女人知道男人发火90%以上不是眼前这个原因,导火索潜存于男人的情感世界的另一处。

善解人意的女人深知平平淡淡才是真,精心别致的晚餐,生日时的一份礼物,读书写作时送一杯香茗,点点滴滴都是情。

男人们多数都是极具理性的,他们不会因为善解人意的女人谦让而得寸进尺,他们会对善解人意的女人心存感激。在生活的河流上,他们同乘一条船,用风雨同舟显然已经不够了,因为在男人眼里,善解人意的女人不仅仅是坐船的,也不仅仅是划船的,而是帮着男人撑船的。

人生在世,与人为伍,许多人常叹善解我者难求。那么,一个聪明的女人,就会学着去善解他人,而当自己在善解他人时,他人也将善解你。

7. 女人要控制好自己的情绪

在社会生活中,人可能遇到各种各样的情况,面对不同的情况,情绪会有很大的波动,不善于控制情绪,就无法在社会上立足。

赵女士是个推销员,每天工作都很忙。最令她不高兴的是,无论自己怎么努力,她的工作业绩没有明显提高,反而总是因为各种小事受到领导的批评。

这天,赵女士和一个客户谈判。这期间,客户表现出了敷衍的态度,这让她有些不高兴。这位客户甚至在最后还说:"算了,咱们别谈了。说实话,我并不信任你们公司,我觉得你们的产品不符合我的要求。"

一下子,赵女士的愤怒被点燃了,她拍案而起,大声

吼道："不谈就不谈，你以为你是谁？你想买，我还不卖了呢！"说完，头也不回地走了出去。

来到大街上，赵女士依旧想着刚才的事情，心情还没有平静。这时，一个骑自行车的少年从她身边经过，车把不小心挂住了赵女士的裙子。

赵女士没站稳，险些摔倒在地。当她站稳后，看到那个少年并没有下车向自己道歉的意思，反而想要溜走，不由勃然大怒向前追了过去。

赵女士的行为自然引起了路人的关注。几个上了年纪的人拉住她说道："姑娘算了吧，你也没有受伤，就别追了。路上这么多车，万一再给你碰一下怎么办啊？"

然而，大家的劝说都没能让赵女士平静下来，她反而更加愤怒地喊："有你们什么事？都给我闪开！"

听到赵女士这么说，大家也都不再阻拦她。有人说："为你好，你还不领情，这人真是的！"

赵女士"哼"了一声，不理会众人的批评，准备继续追赶那个骑车少年。然而，当她刚冲上马路时，迎面开来了一辆疾驰的卡车。顿时，赵女士倒在了血泊中。后来经过抢救，赵女士才保住了命，却成了重度残疾。

赵女士惨遭车祸，就在于她不知道控制情绪，这才酿成了苦果。这是多么血淋淋的例子啊！

所以，在社会上行走，控制情绪是很重要的一件事，你不必"喜怒不形于色"，让人觉得你阴沉不可捉摸，但情绪的表现决不可过度，尤其是哭和生气。如果你是个不易控制这两种情绪的人，不如在事情发生，影响了你的情绪时，赶快离开现场，让情绪稳定了再回来，如果没有地方可暂时"躲避"，那就深呼吸，不要说话，这一招对克制生气特别有效。一般来说，年纪越大，越能控制情绪，那么你将在别人心目中呈现"沉稳、可信赖"的形象，虽然不一定能因此获得重用，或在事业上有帮助，但总比不能控制情绪的人好。

也有一种人能在必要的时候哭、笑和生气，而且表现得刚刚好，这种人控制情绪已到了相当高的境界，你如果有心，也是可以学到的。

下面是一些克服、处理并控制情绪的方法：

（1）学会完全主宰自己，控制自己的情绪，要经过一个崭新的思考过程。这个思考过程是很难的。因为，在我们生活中有许多力量试图破坏个人的特性，使你从孩童时候一直到成人都相信自己无法克服的情绪。无法克服这些情绪就只好接受它们。在这里要强调的是：你必须相信自己能够在一生中的任何时刻，按照自己选定的方式去认识事物，只有这样，你才能做到主宰自己。

（2）成功者一般都善于为自己的情绪寻得适当表现的机会。如有的人在激动的时候，会去做些需要体能的活动或运动，这可使因紧张而动员起来的"能量"获得一条出路；有的人在情绪不安的时候会去找要好的朋友谈谈，倾吐胸中的抑郁，把话说出来以后，心情也会平静许多；还有的人借观光游览来使自己离开那容易引起激动的环境，避免心理上的纷扰，等到旅游归来，心情不复紧张，同时事过境迁，原有的问题或许也已显得微不足道，不再为之烦心了。

（3）你可以进行独立思考，或者说是你可以控制自己的思想。你的情绪又来自你的思考，那就可以说，你是能够控制你的情绪的。这样看来，你认为是某些人或事给你带来悲伤、沮丧、愤怒、烦恼和忧虑，这种想法可能是不正确的。你完全可以改变自己的思想，选择自己的感情，新的思考和情绪就可以随之产生。一个健全和自由的人总是不断地学习用不同的方式处理问题，这样才能使你学会主宰自己。

（4）假如你是乐观的人，那么你就能够找到控制自己情绪的方法，而且每时每刻都能为值得去做的事而生活着，那么你便是个聪明的人。能够顺利地解决问题，当然能为你的幸福增添光彩。如果在无法解决某个特别的问题时，乐观的你仍充满信心，其实你已将自己的情感稳操在手。能够为自己的选择感到幸福时，你的情绪一定是稳定的、真实的。

能掌握自己情感的人是不会垮掉的，因为他们能够主宰自己，控制自己的情绪。他们懂得如何在失意中寻找快乐，懂得如何对待生活中出现的任何问题。在这里没有说"解决"问题，因为聪明人不以解决问题的能力来衡量自己是否聪明，而是不受情绪的影响，理智地对待问题。

8. 闭上你挑剔的嘴巴

热恋的时候，男人像团火，女人也像团火，都把自己烧得糊里糊涂，昏头昏脑。你看我是白雪公主；我看你是白马王子。等到结婚后，爱的温度降低了，头脑也慢慢地清醒了，眼睛也睁大了，于是就开始重新审视对方，才发现种种的不如意，于是挑剔便开始了。

对于一个男人来说，一个女人的挑剔给家庭带来的不幸远远超过奢侈浪费。

男人太有本事，女人便总觉得对方不顾家，不陪她，总没把自己放在眼里，担心什么时候把自己抛弃，另寻新欢。

男人没有本事，女人又觉得太窝囊、太平庸、太没用，连累自己也见人矮一截。

男人重事业轻家务，女人不满意，羡慕别人的男人买菜洗衣带孩子，什么家务活都干，会体贴人。

男人重家务轻事业，女人也不满意，眼热别人家的男人有作为有志气，女人在外面也风光，也有地位。

男人爱整洁，家里什么东西放在哪儿都有讲究，家具上有一点尘土就不高兴，女人会觉得约束太多受不了。

男人不修边幅，衣领总是油腻腻的，袜子总是臭烘烘的，东西乱扔乱丢，女人觉得这样的男人太邋遢。

男人话太多，女人会感到讨人嫌。男人话太少，女人又感到像榆木疙瘩太死板。

男人抽烟喝酒，女人觉得他不会过日子、花钱太多。男人不抽烟不喝酒，女人又觉得他不会应酬，缺少男人味儿。

女人要挑男人的不是，处处都可以挑出毛病来，左看右看横看竖看，浑身上下都不顺眼。

男人看女人也是如此。凡女人看男人不顺眼的地方，男人

都可以反过来看女人,而且,可以挑出更多的不是来。

怎样才能避免婚姻的挑剔呢?最简单而有效的忠告是:世上没有绝对完美的人,当然也没有完美的婚姻,保持一颗正常的心态,宽容对方,不妨在平时应注意以下几点:

(1)保持自己的个性

夫妻的恩爱,是建立在双方愿意平等地承担义务之上的,这才是亲密关系的坚强核心。婚后生活的矛盾是夫妻双方造成的。两人发生意见分歧时,你要主动承担责任和义务,而不要过分地要求对方改变观点、习惯,因为唯一能改变的就是你自己,可笑的是许多人总想用自己的意志去改变对方,不时强加给对方一些所谓的新情趣和新思想,殊不知这些做法往往事与愿违。既然你选择了对方,就应该让对方保持自己的个性,发挥自己的特长。

(2)要有一颗宽容心

夫妻之间要相互体贴并善于体贴。在清晨或就寝之前,夫妻坐下来交流一下思想,交换一下意见,比如家庭计划、困难、分歧甚至误会及其他生活问题,尽管这些事情只是生活琐事,但是一旦这种交流思想和交换意见的习惯逐步建立起来,婚后生活中发生的摩擦和紧张就会轻易地缓和下来。通过这种形式,男方要了解女方的心理特点,了解感情在她心中所占的比重、因为女人比男人更容易受情绪的支配,她们的感情既细腻,又极为敏感。与妻子的小冲突常常要靠温存、沉默和忍耐去解决,而说理则往往无济于事,如果男方老是计较女方的情绪波动和日常琐事,势必造成夫妻不和。气量大是爱情生活中不可缺少的气质,男方尤其应该如此。

（3）相互尊重和信任

可以说，没有信任就没有爱情，而彼此的尊重、必要的礼节，也不能和虚情假意相提并论。在此前提下，还要互相忍让，因为它是婚姻这架机器上的润滑剂。

女人都有一个特点，那就是自尊心强得要命。女人最清楚自己的弱点在哪里。因此，她们拼命掩饰，不让别人有机会触碰它。所以人们说，要与女人疏远或断交，最佳办法是伤害她的自尊心。反之，要取悦女人，最起码须小心防范，避免触及其弱点。当然，如果有办法提高女人的自尊心，则会让女人乐于与你交往，做你长久的朋友。

这一点，做丈夫的千万记住。对你的妻子，不要伤她的自尊，要想办法提高她的自尊心。

有人错误地认为："好夫妇彼此应该是坦白无私的"。有此心态的夫妇，常要对方无条件忠于自己，要求对方在心灵上没有任何隐私。倘若偶尔发现，便耿耿于怀，妒火中烧。事实上，每一个人的心灵深处都有完全属于自己的一方天地，它不对外开放，也不准人强行入关。由此不难发现，夫妇双方的隐私内守比坦白相陈要明智得多。当然，有些不动摇夫妇感情基础的思想向对方表露出来，比等待着对方来查阅你的大脑要好些。你同时应切记：最好不要强迫你的丈夫或妻子向你交出所有的个人秘密。

列宁在和克鲁普斯卡娅结婚时，双方订立了一个公约："互不盘问，决不隐瞒"。这两条订得好！"互不盘问"表明夫妻双方的相互信任；"决不隐瞒"表明了夫妻双方的相互忠实。两者结合起来；就组成了一种比较和谐的夫妻关系。

"互不盘问"也表明了对对方人格的尊重,"决不隐瞒"则表明了自己要值得对方尊重。

要做到夫妻之间长相知,不相疑,相互间首先要有深刻的理解。作为妻子,要常常同丈夫交流感情,有了误会应及时说个明白;其次是要有高尚的情操。爱情和婚姻具有排他的特点,但并不等于自私。嫉妒、猜疑都源于自私的阴暗心理。只有把丈夫作为独立的人来爱,才能获得丈夫真诚的爱的回报;第三是要建立充分的自信心。只要你的婚姻是自愿的,对方总有所爱的地方和一定的吸引力。就算丈夫在学识地位上与你有了距离,你也千万不能自卑,而应当充分发挥自己的特长,以完善自我来增加吸引力。人总有长处,只要确信自己也有强于丈夫的方面,婚姻双方便是平等的、互补的、互相需要的、互相吸引的。

(4)冷静对待不愉快的事情

如果发生了不愉快的事,不要急于争吵,暂时先将想法写在一张纸条上。等到双方都冷静下来时,再把事情拿出来仔细讨论。如果过后发现是微不足道的小事,你一定不好意思再提起。另外,夫妻在讨论问题时,也应该心平气和,保持理智,尽量用对彼此信任的方法来消除引发怒气的主要原因。

(5)学会激励

学会激励,而不是驱使别人去做你想要达成的事,这是人们在人际交往中必须掌握的一门艺术,如果我们不用激励的方法,而是用唠叨或者责骂的方式去推动丈夫行动,那么,要想实现自己的目的会很难。

一位西方著名的哲人说过:"一个男人能否从婚姻中获得

幸福，他将要与之结婚的人的脾气和性情，比其他任何事情都更加重要。一个女人即使拥有再多的美德，如果她脾气暴躁又唠叨、挑剔，性格孤僻，那么她所有的美德都等于零。"

许多男人丧失斗志，放弃了可能成功的机会，就是因为他的妻子常常给他泼冷水，打击他的每一个想法和希望。她总是无休止地挑剔，不停地抱怨丈夫，为什么他不能像她认识的某个男性那样会挣钱，或者是他为什么得不到一个好职位。有一个这样的妻子，做丈夫的怎能不变得垂头丧气？所以，愿不愿意改变，那就看你自己啦！

9. 淑女，是女人味的自然流露

真正的淑女，是一种遵从自我意愿的选择，是女人味的自然流露。他们并不在意是不是被发现，被认可，她们隐没在茫茫人海中，像大海里的珍珠，沉静中透出典雅柔和的光芒。

淑女一词，最早出现在《诗经》开篇第一首《关雎》曰："关关雎鸠，在河之洲。窈窕淑女，君子好逑。"但这里的"淑女"只是一位采水草的迷人小村姑，与现代所说的"淑女"没多大联系，顶多只是"劳动创造美"的最早证据之一。而另外一首《硕人》中的那位卫夫人，"手如柔荑，肤如凝脂……巧笑倩兮，美目盼兮"，才算得上是真正的淑女，整个儿就是蒙娜丽莎的东方古典版。

那么，何谓淑女？淑女要读书，要有书卷气。但淑女读书不为做官、不为赚钱，只为去掉身上的小女儿气和尘世俗气，长知识、增见识、陶冶情操、修养情趣、不贪学富五车满腹经纶，只求知书达礼贤淑文雅。

古往今来，芸芸众女，总是美女和才女风光无限，惹目抢眼。荧屏内外书报刊中，到处都有她们迷人的身影。即使不是每一个女子都有此奢望，至少美女、才女还是一种对女性的恭维和赞美。

那么淑女呢？没有大家闺秀的尊贵，没有才女的傲气，没有美女的亮丽自然不引人注目，只有云淡风轻，所以少有人争取淑女的称号。

淑女都有才气，都是名副其实的才女。凭借特有的灵气与悟性，她们在某些方面或许还有很高的造诣，李清照的词，张爱玲的文，都是脍炙人口的精品。

淑女都有绝佳的高雅气质，"清水出芙蓉，天然去雕饰。"你只要看她的服饰穿戴你就知道，她绝不随波逐流，也不哗众取宠，简洁而别致，朴素而典雅。她的品位很高。

淑女兴趣广泛，博才多艺。琴棋书画，诗词曲文，样样知晓，且能精其一二。

淑女恬淡宁静，随遇而安。她不会让虚荣的洪水淹没，也不会让名利的急火灼伤；她愿做一些有兴趣又有把握做好的事，而她却常常出人意料地悄然抽身，急流勇退。

淑女不叛逆，不前卫，不夸张，她们是本色的，低调的，内敛的。在一个强调自我设计、不乏自我炒作的现代社会，不免令人怀疑淑女是不是太缺乏竞争力了？她们是不是只能在古典的生活中，浮出徐徐暗香？站在普京身边，经常以简练的淑女装示人的柳德米拉，让人感到了现代淑女的气息。当然这种淑女气质不是简单缘于她的着装风格，更是她内在性情的自然流露。

柳德米拉作为俄国的第一夫人，初入克里姆林宫，没有官场上的陈腐之气。她深居简出，很少接受记者采访，不是因为缺少表现自我的能力，而是不喜欢张扬自己。她温柔贤惠，但又不唯命是从。在昔日同学的沙龙聚会上，她兴奋开怀地神聊，而不是矜持地做第一夫人状。普京表示，他从不对妻子发号施令。俄罗斯亲昵地将她称为"白雪公主"。

这位白雪公主一点儿也不缺乏坚强和果断。几年前的一场车祸，她的颅骨、脊椎都受了伤，连续做了几次手术，她硬是凭着一股硬劲挺了过来。在对孩子的教育上，她和普京亦严亦宽，合演了一场默契的对手戏。

可能有人会说淑女加总统夫人，那是命运的恩宠，非寻常女子可以想象，这样的淑女形象是不是太特殊了，没有什么普遍性？

其实，对于柳德米拉来说成为第一夫人，只是一个近期的角色，而淑女姿态是她惯常的生活方式。也许现代社会淑女难遇，但并非珍稀到凤毛麟角的程度，只不过无缘相识而已。

淑女温柔贤惠，但又不唯命是从。淑女平和内敛，从容娴雅，不矫揉造作，不喜张扬，并不意味着丧失自我，平庸乏味，放弃自立，相反，这些恰恰说明了她们内心的开阔和明亮。

淑女是丈夫的好妻子，淑女是孩子的好母亲。淑女是姐妹

的知心,淑女是异性的红粉知己。淑女深谙做女人的本分,淑女也最能享受做女人的天赐之乐。

假如你是一个淑女,男人理想中的那种,你首先应天生丽质、容貌秀丽,即使不够国色天香,最低标准也要让人看了舒服。

女人被称为"半边天",而如今的"半边天"早已不甘于被"男主外女主内"的思想限制和束缚了,她们走出了厨房,走向了自己喜欢的职业。但是家是她们永远的牵挂,幸福和睦的家庭是她们安心工作的后盾,她们并不想真正脱离家庭,要家庭还要事业似乎有一点"贪心",这就注定了她们比一些男人更累。优雅的女人,不会在家庭与工作之间心力交瘁。相反,她们就像一个娴熟的"挑夫",一头挑着工作,一头挑着家庭,掌握着它们之间的平衡,悠然行走于生活的路上。

"淑",词典之解释为"贤惠、美好",那么,淑女最终是以贤惠、美好而散发迷人光辉的。若你做不成美女,那么愿你做淑女。

第七章　刚刚好的女子，不依赖不纠缠

刚刚好的女子，无论是失去还是得到，始终怀有一颗恬淡的心。放下所有的执念，淡看花开花落、云聚云散；放下所有的烦扰，笑对尘世的风霜、人情的冷暖。以一种淡泊从容的姿态，应对尘世中的一切纷争，聚散随缘，随遇而安。

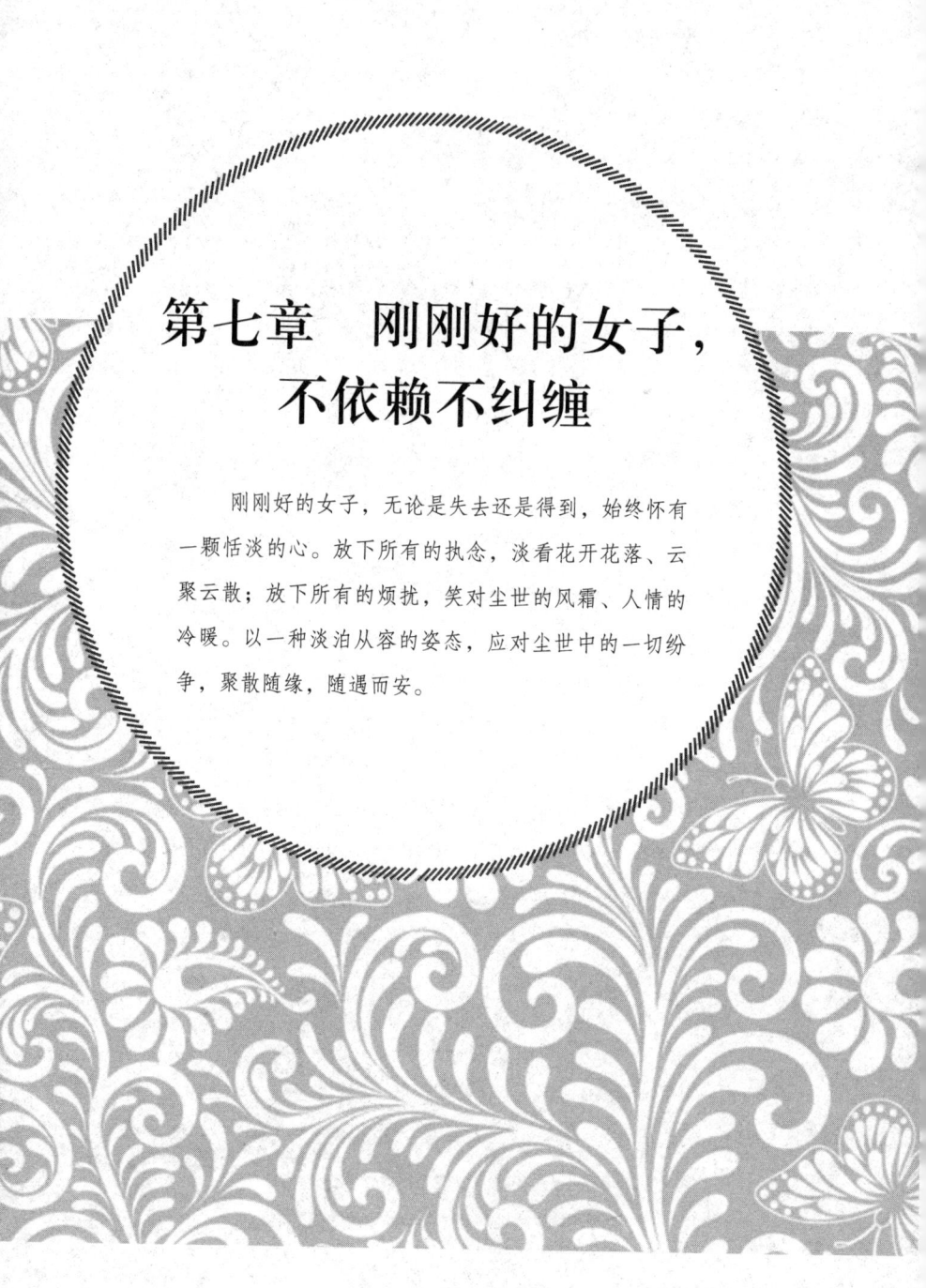

1. 独立的女人幸福多

女人独立,不是为了和男人竞争,而是找准自己的位置。独立是一个很高的境界,需要高素质的心态和全新的价值观念。如今,越来越多的女人开始追求独立的生活,这是社会的进步。

女人要想从里到外都透出优雅,就应该在经济上有独立感,这种感觉能使她们的精神独立并且有相对坚实的基础。通过经济的独立,她们才能享受到成功的满足感,这种满足感能让她们变得优雅自信、神采奕奕。

当然,女人的独立不仅仅体现在物质上,还体现在精神上。如果说男人生活在物质中,那么女人就活在精神里。女人的精神世界是无比神秘和无比丰富的。女人的精神独立是对自己的确认。当女人的精神世界被别人支配时,就像笼中的小鸟一样失去了自由,同时也失去了美丽的权利。

独立之美就是新女性身上最耀眼的华服,不依赖、不依仗撒娇去赢得一朵玫瑰,她们看重的是自己拥有什么,而不是向男人索取什么。有位哲人曾说过:"如果你不能成为大道,那就当一条小路;如果你不能成为太阳,那就当一颗星星。"决定成败的不是尺度的大小,而是能否做最好的自己。

1992年,一个默默无闻的海南女孩告别家乡,只身踏上宝安这片陌生的土地务工。如今,这名女孩已是宝安区数百万劳务工耳熟能详的模范人物。

这个女孩就是熊永兰。她并未创造奇迹,但对于宝安五百万劳务工而言,她的故事却具有奇迹一般的吸引力:16年间,她孜孜以求,从流水线上的一名普通女工化蛹成蝶,成长为闻名全国的杰出务工青年、大型国企管理人员。她的奋斗与"蝶变"历程如同一盏心灯,照亮了无数心怀梦想的劳务工成就自我的路途。

在熊永兰的身上,有一种令人振奋的精神内核:不屈从于命运摆布的自强、自立,勇于挑战自我的自信,助人为乐的豁达。

不是说一个女人非要在事业上如何成功,如何优秀;但是,她一定要自立、自尊,不与这个社会脱节,这十分重要。在这个知识经济的时代,女人必须要学会靠自己生活。

更何况,女人如果在思想上和经济上不能自立,一切由男人做主的话,一旦男人受到外界的诱惑和环境的影响,交上些狐朋狗友,迷恋上赌博,沾染上嫖娼等不良"嗜好",女人所说的话还有分量吗?还能说个"不"字吗?只能忍气吞声,接受现实!这种幸福难道是女人想要的吗?

如果女人能独立,有自己的理想、事业和追求,有着自己的经济掌握权,就不会受制于男人,男人对女人也不会小觑。事实上,男人还是喜欢有点个性的女人,喜欢"太听话"女人的男人，很多心里都揣着个"小九九"。

女人应该有自己的工作，应该为自己的事业奋斗，即使在婚后，也不应该把家庭当作自己的全部。纵使你丈夫可以赚钱养活你，纵使你不愿意抛头露面吃苦受累，但仍要有一份工作，在赚钱养活自己的同时，也更好地"养活"自己的精神世界。

经济基础决定上层建筑，你的经济基础则来自你的经济能力，而经济能力则来源于你的经验年金。

21世纪是一个知识经济时代，竞争的方式将不再是工业文明时代的体力，而是更多地表现为策划、推广、沟通、联络、互动、服务、协调……而女性特有的敏感、细腻、灵活、韧性、关爱、情商、注意力以及第六感觉，正是掌握21世纪的绝对优势。发挥这些优势对于女人来说，最重要的是你要有自己的经验积累。因而在这里需要强调的是你一定要把时间主要投资在学习、建立信用和建立名声这三方面上，以确保自己的经验年金的累积。为了做到这一点，具体要做到以下几点：

（1）每天都要学习

假如你打算再工作30年的话，那么你就一定得每天努力学习新的知识和技巧。想想看，你今天学会了使用电脑的话，往后的日子里我将可以省下数百个小时的工作时间。记得一位作家说她每天至少要读一首诗，一篇散文，或是一篇故事。她把这些称之为"灌溉心灵的文学"。而你也要养成习惯地丰富自己的知识，提升自己的见识。

（2）夯实自己的信用

假如你能专心学习，那就可以获得专业知识，并在别人的

眼里成为某一个专业的权威。而且你也要知道,有许多你需要学习的东西,和别人想要从你那儿知道的东西,都不是在大学课程里可以学到的。

生活是你的信用,经验是你的老师。但这不是只让你将时光一分一秒地溜走,而是要把自己在生活中学到的东西,加以组织架构,然后把它转化成某种在市场上有价值的东西。有时,最难相信有专业才能的人是你自己,因为你总觉得自己还差别人一截。一旦你能在自己的眼中建立起信用度,你才可能把这份"可能"展现在大家的眼前,最后取得大家的信任,以及必不可少的生活上和工作上的依赖。

(3)宣扬你的名声

当你把自己的信用展现在世人的眼前之后,就可以建立起自己的名声。当你在众人面前发表一篇演说、组织一个活动,或是训练一个新手时,就是展现才能的好机会。经由如此而建立起来的名声,也才会吸引别人带着他们的问题,来向你寻求协助,这个时候要谨记,"骄傲使人落后"。

当你建立和宣扬的名声到了一个程度之后,即使是离开5年、10年或20年之后,别人依然会请你回来向他们传授经验教训,抑或是出谋划策。因为他们知道你是一个"永远都有新想法,令人尊敬值得依赖的人",也就是你已经是一个品牌,品质的保证。

最后,值得注意的是,这是一个良性循环。你花在学习上的每一分钟,都用在建立新的信用和名声上,这也就是你的经验年金。因此,如果你是一个女人,如果你想获得自由和梦想,积累名声是追求自由与独立生活的不二途径。你要从今天就开始投资，以后一生都有红利。珍惜这个令你可以投资的自由吧。

女人有了自己的经验年金，就会发现自己的能力，发现自己的信心，这时要善用自己的能力，实现自己能力的积累。到最后你会发现无论是社会的成功，生活的适宜，还是个性的张扬，男人似乎仍旧在主宰世界运行的同时，也越来越觉得自己离不开女人。因此，一个追求美丽的女人一定要记得多多积累自己的经验年金，这才是一个女人的立身之本、独立之本。

一个女人，能够自己辛勤地工作，自己赚钱来养活自己，这一点是非常难得的。同时，在经济上独立的女人才有魅力，那是需要女人在生活上有一份自己的事业，有一份自己能够离开男人之后的生存能力，有一份自己的原则，有一份善待自己的心，不断地学习做一个有生活质量的女人。女人在这个世界上是很辛苦的，所以，告诫所有女性朋友要善待自己，千万别因为安逸的生活放弃自己的追求，放弃自己生存的能力，不要等到风雨来时而茫然。其实，当你拥有自己的生存能力的时候，你就是这个世界上最有魅力的女性之一。

2. 女人要学会享受生活

同样生活赋予女人很多很多精彩。如果你想尽享其中的乐趣，就一定做一个经济上、感情上、心理上和能力上都能独立

的女人,你要去学会享受生活,去感受每一缕阳光的温暖,去感受每一丝微风拂面,让你的生活丰富而充实,千万不要把自己变成一个整天围着老公转的小女人。

女人,不管你的外表是美的还是丑的,也不管你的心智是聪明的还是愚笨的,都要凭着自己的心性去过自己想要的生活,要为自己活着。相信这句话,你不要去为任何人而活,包括你爱的人。你可以为他献出生命,但是你不能为他而活。

玉兰家境条件不好,兄妹又多,中师毕业后回到家乡当了一名教师,可是后来受人排挤离开了校园。离开校园的她不久就嫁给了一个大她三岁的男人,男人在外面做生意,一年也回不了几次家,后来她有了一个女儿,这使她在那个重男轻女的家里彻底失去了地位,她的婆婆对她的态度变得越来越恶劣。她的丈夫回家的次数也更少了,后来听说在外面有了外遇,要和她离婚。离婚后,她自己带着孩子很困难,别人都劝她再嫁个人吧,一个女人带个孩子不容易。可是她不同意,她怕"后爸"对孩子不好。自己凭着中师毕业的资格,在家办了个幼教班,收了几个学生,以维持生活。30岁的女人,看起来异常苍老,她常说:"我这一辈子什么都没有,就指望我闺女了,要是没有她,我早就不活了。"

为了孩子,为了丈夫,女人给自己留的生活空间愈来愈小了。当然,不是说女人的奉献精神不好,而是女人在关爱孩子和丈夫的时候不要把自己给遗忘了,也要为自己而活,不要把一切的一切全部地投注到一个男人或孩子的身上。

生活中，我们常听一些女人感慨：好累呀！好烦呀！其实，你完全可以不烦不累的，问题是你要懂得如何生活，懂得为自己而活。没有什么比这来得更实在、更重要了。为自己而活就是要认真过好每一天，全力以赴地去做每一件事。

李一丹，一个很有个性的女人，自己开了一个行摄书吧。她的生活理念是：为自己而活，活得精彩。她说："我不是一个非常看重物质享受的女人，我更关注生活里每一点一滴的感动。因为对于我来说，生活本身比一切东西都重要。我有一个以旅行和摄影为主题的书吧，我倡导的一个理念是热爱生活，我发现无论是旅行还是摄影，都是人对自然和美的向往和亲近，通过这样的方式会比较轻松，忘掉生活中的烦恼和琐碎的事情，让人开始关注生活的本身。"

每个人都是独立的，女人首先要为自己而活，把自己调整好了，自尊自强自爱，生活才会更有价值，这样的女人身上会散发出迷人的芬芳。作为独立的女人，平凡的人生并不意味着平淡，在适当的时间做一些适当的事，照样可以活得精彩。

3. 有兴趣爱好的女人更有魅力

拥有迷人的魅力是每个女人的梦想，因此，有成千上万的女性在寻找打造迷人魅力的秘诀。想要成为富有魅力的女人，不仅要注重外表的修饰和内在文化的修养，更应该重视自己的兴趣与爱好，只有这样才能长久地保持神秘感和对异性的吸引力。

现代女性一般都有一份属于自己的工作，工作是让一个人稳定且有规律的生活的保障，不应该放弃。有一份工作让你知道每天可以有什么地方去，有时候你会觉得受益于此。可是几乎所有人都讨厌自己的工作。正所谓"干一行厌一行"。要从别人口袋里赚来钱的事情总是有外人不知道的难言之处。

而女人下班后的生活其实相当乏味单调。往电视机或电脑前面一坐，时间哗哗地大段地溜走。只要一看电视，你就什么也干不了。这是一种懒惰的惯性，坐在沙发上，哪怕节目十分无聊幼稚，你也会不停地换台，不停地搜寻勉强可以一看的节目，按下关闭键显得那么困难。很多的女人在工作以外都是这样的"沙发土豆"。黄金般的周末，多半也是在不愿意起床、懒得梳洗、不想出门中胡乱度过。同时，几乎所有人都在抱怨没有时间，真的有时间的时候又不知道该如何打发，只是习惯性地想到睡觉和"机械运动"——看电视、玩一款熟得不能再熟的电脑游戏，顺手就打开了。事后又觉得懊恼，心情愈加沉闷。

这就需要作为女人的你，在八小时以外，能够培养一种自己的趣味，在增长自己知识的同时提升自己的品位！闲暇时间说多不多，说少却也不少。为了打发时间，也应该培养一门高雅的兴趣爱好。

兴趣是一种人们喜好的情绪，不仅能够丰富人的心灵，而且还可以为枯燥的生活添加一些乐趣，同时还能借着它对社会有所贡献。所以，一个人只要为自己的兴趣去追求和努力，兴味盎然地去做一切事情，就能把生活点缀得更加美好。

人有各种各样的爱好，这完全依个人的兴趣而定，有高雅艺术方面的，也有在生活中形成的一些习惯。总之，自己喜欢做，又有一定追求价值的都可以算，当然，这里说的兴趣不包括吃零食、睡觉、看电视之类的。

还要特别记住，爱好只是一种乐趣而不是日常工作。爱好的事物都是喜欢的，只要喜欢就做，用不着担心是否可以完成。在过程中体验乐趣，这才是爱好的真正意义。比如说画画，不一定非得画得完完全全，不一定非得有什么主题，即兴发挥、兴趣所至就行。

试想，一个女人虽具有美若天仙的容貌，但如果没有一点自己爱好的东西，也没什么目标，整天默默无闻地跟在男人身后，没有自己的事情可做，那么，外表的美会变得非常脆弱，而她也没有什么魅力可言，任何有品位的男人都不会欣赏这样的女人。

做一个刚刚好的女子

晓颜今年20岁，长得清秀可人，并且还拥有魔鬼身材，见过她的男孩无一不对她爱慕倾心。在众多追求者当中，女孩看上了优秀的小辉，并且答应做他的女朋友。"天有不测风云"，在他们交往还不到半年的时间，小辉突然提出要与她分手，女孩向小辉询问分手的原因，他没有回答，只是默默地走开了。女孩很伤心，但由于身边的追求者较多，很快又与一个叫李彬的男孩交往了，但交往了大概三个多月，李彬也向她提出了分手，这对于女孩来说，无疑是一个晴天霹雳，她不明白自己有如此靓丽的外表，为什么小辉和李彬还会选择与她分手？难道自己就那么不讨人喜欢吗？她心中有着各种难以解开的疑问，于是又向李彬寻问分手的原因，李彬无奈地说："知道吗？我第一次见到你，就被你的美貌迷惑了，我从未见过如此美丽的容貌，足以将人融化，令人为之心动。还记得当时的那个画面，温温的、暖暖的声音，还有你浓浓的柔情眼神，让我就这么陷了进去，而无法自拔。但和你交往的这几个月以来，从来没有听你说过自己喜欢什么，对什么比较有兴趣，平时问你想要去哪里玩，你总是说无所谓，哪里都行。我一直都很喜欢有情调的女人，讨厌盲目的女人，晓颜，我们分手吧，你的没有主见让我窒息。"就这么几句话，他转身而去，没有任何的犹豫，任何的停留。

如果女孩有自己的主见，有自己的目标，有自己的爱好，或许她们会有美好的未来。但一切都晚了，是这种盲目使她的幸福从自己的手中偷偷溜走。可见，发展个人的兴趣与爱好对于女人来说有多么重要，它影响着一个女人独有的气质，甚至未来的幸福。

4. 独立的女人不可以没有朋友

纯真的友谊是女人一生中最美好、最宝贵的东西，它摒弃了人世间的卑鄙、狡诈等丑恶现象，取而代之的是思想情感的默契和支持，形成了为共同事业奋斗的力量。所以，女人在一生中必须如何交到属于自己的真心朋友。

每个人在生活中谁都离不开朋友。许多时候，朋友之间的关心、帮助、体贴胜过兄妹，胜过夫妻，而且，深厚的友情往往比爱情更隽永、更真挚、更持久。但现实生活中，有相当一部分人，尤其是女性朋友，一旦有了爱情，囿于爱情与家庭，并全心全意地投入，与过去的朋友就明显地疏远，对深深浅浅的友情也不那么爱惜了。她们借口是："哎呀，太忙了。"她们情不自禁地沉湎于小家庭的欢乐，她们津津乐道地忙着一份幸福的小日子，至于朋友，至于那些友情，有点顾不得了，似乎有无都无关紧要了。年轻女孩自然地认为异性比同性重要得多了，但是有过阅历的女人通常特别珍惜同性之间的深厚友谊，因为她知道那才是非常安全的、可靠的、长久的。

生活中绝大多数女人会对同性产生信任和依赖的感情，因为这是一个与自己完全相同的群体，她们能够理解和体会你

的所有悲喜。已婚的女人进入生命历程的多事之秋,婚姻、生育带给她们许多从未有过的体会,当然,烦恼和困惑也随之而来,当你将很多烦恼和困惑与男性朋友分享时,他们多数轻描淡写地打发了过去,最多也就是发出一声同情。但这些话题在跟女朋友分享时,就会发现她们不但能够理解和体会你的所有悲喜,并给予你最贴近的关怀和帮助。因此排解烦恼、缓解压力的最常用方法就是找同性朋友倾诉,把一切情感垃圾倒给她听。所以说,女人多结交一些同性朋友对自己来说,不论工作上、生活上和情感上都有着莫大的帮助。因此,让女人美丽一生的社交法则上,一定要加上多结交同性朋友。

其实,交友不仅是一种感情的交往、交流,还是生活的重要扩充。每个人都有一定的局限性,生活的环境、生活的内容、生活的经历都被内外的因素规划了,圈定了,由此,自己的视野、见地、经验、心胸,便容易为这种"规划"与"圈地"所限制,只能狭小、只能浅薄、只能片面。比较而言,男人比女人博大些,他们有更广泛的兴趣,更注重对外部世界的关注,更多一点探索与冒险精神;而女性朋友如果有了爱情与家庭之后,连朋友的交往热情都减退得一干二净。那么,她们的生活、胸怀只能随着时间的推移变得更窄更小,而许多悲剧的产生就因为源于"更窄、更小"的缘故。但是,在悲剧未发生之前,她们不以为然,而悲剧发生了,她们也认识不到,这正是"更窄、更小"的潜移默化的意识在作怪。当然,不排斥要对爱情专注和对家庭负责。可是,专注不等于放弃其他的一切感情;负责不意味着要疏忽其他的一切关系。她们自以为一味地专注了,负责了,就能看牢幸福、维护家庭、守住生活。

生活却偏偏不是看得牢、守得住的。生活需要变化，需要丰富，需要更新。一成不变的"守"，故步自封的"看"，只能使生活一天天地平淡、贫乏、平庸。结果，虽然存在着家庭的形式，而家庭的内容与生命必将趋于萎缩。

而对中年女性来说，这时女人的友谊可能比爱情更为重要。因为这时女人已基本上完成了相夫教子的职责，突然无事可做。现在这一切基本不存在了，女人只有把自己放到同性朋友的圈子中进行比较，看谁更年轻、有吸引力，看谁更有钱、有事业，不管自我感觉如何，都会有所醒悟。感觉不好的，知道该为自己活了；感觉好的，知道为了自己应该继续好好活。中年女人在同性朋友面前才会找回自我。所以，女人的真心朋友，其实就是自己面前的一面镜子。

友谊和爱情对女人来说，无论在什么时候都会有一定的好处，同等重要。所以，女人结了婚，千万不要排斥掉自己婚前的一切，更不要丢掉自己结婚前的那些好朋友。保持自己的情趣、保持自己的爱好，保持自己的社交活动，保持自己除爱情以外的一切感情联系，是丰富自己、更新自己、完善自己的很好的方法。只有这样不断地丰富、更新、变化与完善，家庭生活才有色彩，爱情和幸福才能保持得长久。

5. 拥有一份自己的经济来源

作为一个女人，在经济上应该独立，不依靠任何人，这样才不会被人看不起。独立，是幸福的前提。如果一个女人结了婚，以为终身有了保证，这辈子只要给丈夫洗衣做饭，每天窝在家里，迟早会失去婚姻的主动权，变得没有任何地位。

靳羽西是一个很聪明、很成功的"名女人"，谈到女人的魅力，靳羽西认为，除了健康和美丽，女人最重要的是经济独立。

靳羽西被《纽约时报》评选为美国最受欢迎的50个"钻石女王老五"之一。

靳羽西认为，女人最重要的是经济的独立。她说："我现在最大的自由是，我可以从自己的口袋里掏钱买书、买我喜欢的衣服，这是女人最大的自由。现在许多年轻的女孩子需要什么东西的时候就对她的男朋友或爱人说我喜欢这个我喜欢那个，她们是不自由的。我以前曾经嫁过一个很有钱的男人，可是他没有给过我一毛钱。"

同靳羽西这样聪明的女人相比，有些女人不得不让我们从心里感觉到气愤。

张蕊在大学的时候就显露出好吃懒做的习性，她毕业之后，就在苏州嫁给了当地一个农民的儿子，同时也辞了自己的工作。其实，她完全可以不辞掉自己的工作，这样无论对自己还是对家庭都有好处。平时，张蕊总是拒绝同学们去她家探访，据说是她婆婆不愿意别人去走动，她便逆来顺受了。过了一年，他们有了自己的女儿。在这种生活环境中，与以前相比，她的性格发生了明显的变化。有一年大学同学聚会，在她身上已经完全见不到书卷气。服务员把菜一端上来，她就第一个迫不及待地下筷，见到虾来了，干脆就抓上两三把，往自己碗里送，还热情地为旁边的人夹菜，一副不吃白不吃的市侩相，这就是她最明显的变化。

在每一次的聚会上，张蕊始终不会多说一句话，有时甚至一句话也没有。也许她已经习惯了"沉默是金"，一个人待在家里的日子长了，她便患上了不爱说话的毛病，又或者由于她已经无法与他人找到共同语言了，这些噩梦，都是失业带来的。

堂堂一个大学毕业生，竟然甘心让自己沦落为一个黄脸婆。你想想，当你与社会完全脱节，与丈夫再没有共同语言的时候，他还能长期地这样容忍你吗？再说，没有工作没有收入，即使自己一心一意想当一个好母亲也很难。就拿张蕊来说吧，万一哪天她被遗弃了，又有什么资本与丈夫争夺女儿的抚养权呢？就算争到了，又靠什么去抚养、教育好孩子呢？所以，女人保护自己的方式之一就是

要使自己在经济上能够独立。

作为一个女人,在经济上应该独立,不依靠任何人,这样才不会被人看不起。独立,是幸福的前提。如果一个女人结了婚,以为终身有了保证,这辈子只要给丈夫洗衣做饭,每天窝在家里,迟早会失去婚姻的主动权,变得没有任何地位。一切以丈夫为中心,听不得其他人的劝诫,整天为柴米油盐忙碌,搞得蓬头垢面,到最后哭的只有自己。

女人一定要独立,不管未婚的还是已婚的,这是有关尊严和自信的问题。一个女人以前再漂亮再能干,如果失去了自己的经济基础,那她会活在被动之中。掌握不了经济大权,就意味着失势。即便是结了婚,也要有自己的工作,毕竟爱人不是全部。为自己找一个好工作,这样你才会有自己的工作与事业,也不会被男人看不起。当然,我们并不是让女人成为一个"女强人",而是让女人在爱家的情况下成为一个聪明的"女能人"。

俗话说:"尊严来自实力",只有这样,女人才有自己的天空,才能是独立的个体。而现在还有很多笨女人在抱怨男人的寡情,殊不知,是因为女人对男人的过分依赖,才让男人想逃,而且希望逃得越远越好!所以,为了自己的幸福,女人应该学聪明一点,拥有一份自己的经济来源。工作最基本的需求是赚取生活费用,养活自己,补充家用。当然,现在更多的单身女人努力工作是为了实现自己最大的价值,在不断的进取中获得肯定和自我完善。她们与那些放弃工作、走入家庭的女性形成鲜明对比,更显独立自主、特立独行,为社会创造价值,是城市街头匆匆奔走的亮丽风景线。

6. 做男人忠诚的"信徒"

每个人都有属于自己的感情世界，这是谁都无法抹去的事实。但那只是人生中的过眼云烟，你不能追溯到过去阻止他或她，因此，无论你面对的是自己的过去还是对方的过去，都应该以一种理性和信任的方式去解决它，而不是把它变成自己生活的负累。

聪明的女人必定有豁达的气度，她将以这种豁达去理解、支持丈夫的事业。对丈夫而言，妻子无条件的信任和支持是他向前的动力。

汽车大王亨利·福特先生，在年老时被问及他下辈子出生时希望变成什么？"只要能和太太在一起，我什么也不在乎。"福特先生这样回答。他终生都称他的太太为"信徒"，并希望永远和她厮守在一起。

回想十九世纪末，底特律的电灯公司以周薪11美元雇用了年轻的福特。在公司，他每天工作10个小时，回家以后，他还要花大半个晚上在屋后的一间旧棚子里工作，因为他异想天开地想靠自己的努力设计出一种新的引擎来。

他那身为农夫的父亲认为儿子只不过是在浪费自己的

时间,邻居们也都说这位年轻人是个大笨牛。周围似乎每个人都在取笑他,没有人相信他那笨拙的修补功夫能够创造出什么神奇的好东西来!

但他太太却十分相信他,认为他完全能够凭自己的努力创造出奇迹来!一旦白天的工作做完以后,她就会到小棚子里帮助他研究。冬天,由于天色很早就暗了,她便提着煤油灯给他照明,使他能够继续工作。由于天气太冷,她的牙齿常在寒冬中颤抖,手也冻得发紫,但是她坚信她的先生终有一天会成功,福特先生总是亲切地戏称她为自己忠诚的"信徒"。在旧砖棚里艰苦地工作了三年之后,这个异想天开的稀奇玩意儿终于诞生了。1893年,亨利·福特30岁生日的前夕,他的邻居们都被一连串的奇怪声音吓了一大跳。当他们跑到窗口,他们惊奇地看到亨利·福特那个大怪人和他的太太正乘坐着一辆没有马的马车,在路上摇晃着前进呢!那辆怪物似的车子居然可以跑到拐角又跑回来了呢!

就在那天晚上,一个新的工业诞生了,这是一个后来对这个国家甚至人类生活产生了重大影响的工业。如果说亨利·福特是这个新工业之父的话,那么,福特夫人这位忠诚的"信徒",就有权利被叫作"新工业之母"了。

每一个男人一生中都需要一个忠诚的"信徒",一个即使在他处于逆境的时候,也能一心呵护、鼓励并支持他的女人。夫妻间的感情是以互相信任和理解为基础的,你不相信、不理解丈夫,他凭什么信任和理解你呢?你的丈夫在事业上取得了一定的成就，社会活动肯定会越来越多，交际也会日益广泛，其中必定会接触到年轻漂亮的女性和一些敬佩、崇拜他的女性。对此，作为妻子的你要有豁达的气度给予充分的理解，要相信自己的丈夫，同时既要对丈夫保有警惕，但又不能拎着醋瓶子到处走，不要随便怀疑和无端指责，更不能偷偷摸摸去打听、去调查、去寻找所谓的证据。

小李丈夫的公司来了一位新同事，无巧不成书，这位新同事就是小李丈夫以前的女朋友，她的丈夫没有将这件事情隐瞒，而是坦白地告诉了她。要是别的女人也许在面对丈夫坦白的情况下也会整日惶恐不安，毕竟他们两个曾经是相爱的一对。而小李却是个聪明的女人，并没有介意他们之间的往事，反而和丈夫的旧情人成了朋友。小李有时间就去找她吃饭逛街，两个人无话不谈。彼此的关系变得非常的明朗化。她的丈夫和旧情人死灰复燃的机会当然就变得没有可能了。

我们不得不承认，小李是个聪明的女人。和丈夫的旧时情人成为朋友，总比猜测他们的旧恋情要好得多。把爱情放在最危险的地方也是最安全的地方。两个曾经相爱的人无论因为什么样的原因分开，其间总会有一种难以表述的特殊感情。人的记忆总是习惯记录下美好的瞬间，所以，即使是痛苦的恋情也会变成一段值得品味的回忆。就像电影中经常描述的那样，一个人在30年后见到了初恋情人，仍会有不少故事发生。旧时情人是一种极具杀伤力的武器，随时会导致严重后果。想保护

好自己的爱情，没有比和对方的旧时情人成为朋友更好的办法了，毕竟最危险的地方也就是最安全的地方。把她和他的联系，变成两个家庭的联系，把所有隐秘的关系变得透明，不失为明智之举。两个家庭在一起的时候，每个人都希望自己的家庭看起来比对方的家庭幸福，就像两个分子，当其内部的原子紧密结合的时候，便不容易发生反应，这正是期望的结果。

聪明的女人会用细腻的感情去体贴丈夫，并对他的异性友人予以一种无形的"关照"。她知道这不仅这是一种责任，也是奠定夫妻之爱的基础。而这种关照，本身往往就是对丈夫情感的巨大压力。

7. 事业是女人独立的基石

人们常说："自信的女人最漂亮。"那么女人怎么才能使自己更加自信呢？那就是拥有一份事业，而且能把每周的五个工作日做得圆圆满满，同时还要有点不断进取的事业心。有工作、有事业心的女人才会更加自信，充满活力，才会有充实感。

家和事业可以缔造一个完美好强的女人。现代社会中，有知识、有智慧的聪明女人们，平衡于事业与家庭之间，用全副精神来打理事业，用满腔热忱去经营事业。事业让聪明女人一直处于潮流先锋，心态永远年轻。

聪明的女人懂得女人也应有自己的事业和人生，自己的人生不能在男人的怀抱里度过，更不能为了一个男人而活，还可以有自己的下一站，还可以选择。

但是，有些笨女人却不这么想，她们只图安逸的生活，不再追求事业的发展，直到有一天发现自己是错误的时候才如梦方醒。

一个女人是某著名高校中文系的硕士生，在临近硕士毕业时，她结束了长达五年的爱情长跑，接受了先生的求婚。到该找工作的时候，她也和其他同学一样开始做简历、挤招聘会。当时她以为凭着硕士文凭和在报社、电视台实习的经历，一定能找到一份如意的工作。谁知道一跳进人才市场的海洋里，她就发现情况和她想象的大不一样。

周围的不少朋友劝她："何必辛苦呢？你老公留学归来，又是工科博士，那么多单位开价都是一万两万的。你干脆不工作，在家写点小文章，赚点小钱，悠然自得不好吗？"于是她把档案往人才市场一放，选择了不工作。

可当最初的兴奋一过，才发现这样的生活过得并不美好，先生每天去上班时，她还在睡大觉，中午一个人在家随便吃点将就着，一整天就在家里穿着睡衣到处晃悠。于是她开始觉得失落、觉得不快乐，渐渐地脾气越来越坏，动不动就发火。

深夜梦醒的时候，她不断地追问自己："这真的是我想要的生活吗？"答案是："不。"我想去工作，不是因

为别的,而是需要。

于是,趁着先生到北京去发展的机会,她也开始像一个应届毕业生一样,又开始了在上海的求职之路。终于,她在一家报社找到了一份做编辑的工作,尽管工资不高,却让她觉得很踏实。她说:"在这个人才济济的城市里,我看到了太多优秀的女人怎样在生活。如果你问我,现在累吗?的确有点累,但我很满意。现在,见到我的朋友总说我比以前更有神采了。"

女人喜欢有人可以依靠,但这不是逃避独立的理由。只有善于驾驭自我命运的女人,才是最幸福、最聪明的女人。

还有这样一个故事:

有个女人不喜欢工作,最后只好当了乞丐。她每天祷告,希望奇迹能降临到自己身上。一天,当她祷告完毕时,发现有个白发老人站在眼前。老人告诉乞丐,上帝可以实现她的三个愿望。

她毫不犹豫地许下了第一个愿望:变成一个有钱人。刹那间,她就置身于一座豪华的大宅院中,身边有无数的珍宝,终其一生也享用不尽。

女人又许下了第二个愿望:希望自己变得年轻漂亮。果然,她立刻变成了一个漂亮的美人。

接着,她许下了第三个愿望:一辈子都不需要工作,更不要事业。

老人点头答应了，姑娘又变回了原来的样子。

女人不解："这是为什么？"

一个声音从天际传来："事业是上帝给你的最大祝福，你怎么能不要事业呢？如果你整天什么都不做，想一想，那是一件很可怕的事，只有投入事业，你才有可能变得年轻、美丽和富有，你的生命才有活力。现在你把上帝给你的最大恩赐扔掉了，当然一无所有了！"

这个故事告诉我们，女人的生命价值，从根本上来说就在于女人事业方面的成功和成就。古今中外，任何一个值得尊敬的人都是用辛勤的工作，来换取事业的成功的。事业不仅是为了满足女人生存的需要，同时也是体现个人价值的需要。

因为事业，女人变得自信；因为事业，女人才可以为自己量身定做属于自己的那份独特；因为事业，女人不会追着满街的流行元素而盲目随波逐流；因为事业，女人才不会为脸上小小的斑点而耿耿于怀，才可以素面朝天地向世人展示自然的美丽时做到神情自若……有事业的女人是最美丽的。不是因为鼓起来的腰包或者名片上的头衔美丽，而是那种专注和执着的美丽。

女人要靠自己活着，而且必须靠自己活着，这是女人立足社会的根本基础，也是形成自身"生存支援系统"的基石，因为缺乏独立自主个性和自立能力的人，就像藤一样，没有了参天大树可供攀附，便不能向上生长，而只能蜷伏于地面。

8. "拴"住男人是一门艺术

女人要拴住男人的心,就要了解男人的处境,知道男人的难处,知道男人到底想要什么?当然,要想理解男人是很困难的。现在的女人,思想上、行为上都很喜欢以自我为中心,男人也一样。当两个人因为一些小事而吵架时,谁都不会让谁,从这就可以看出来了。所以,女人要想理解男人真的很难,拴住男人心就更不容易。

有人说拴丈夫的心就像放风筝,即使在天空中飘着,但线永远在你的手中。

在现代生活中,许多笨女人总是抱怨丈夫的心离她越来越远,拴都拴不住了。其实,聪明的妻子要把丈夫的心"拴"在家里是要讲究一定方式方法的,不要一味地拴,也可以说是一门艺术。在"拴"住丈夫这一点上,聪明女人和笨女人的处理方式有很大区别。看看下面的两个例子,就会明白。

有一位在感情上醋意颇浓的妻子,对丈夫与异性的接触表现出极大的不满。起初,只要看见其他女性稍与丈夫亲热一点,她就会毫不留情地将对方骂个狗血喷头。接着就与丈夫约法三章:无故不准与异性交谈,每月工资如数上缴,去卡拉OK歌舞厅不准请小姐做伴。

法归法，章归章，丈夫并不轻易买她的账。

丈夫厉害，妻子更蛮。她索性在家要死要活，甚至去丈夫单位大吵大闹。不难想象，随着妻子管制丈夫方式的逐步升级，他们的家庭生活将无一日安宁，最后只有离婚。

再看看聪明女人是怎么做的。

这位爱妻则用一颗滚烫的爱心拴住了丈夫，用她的包容与呵护挽救了一个原本温馨快乐的家。

他与妻子是大学同班同学，他们因爱好诗歌创作而走到一起。夫妻俩如胶似漆，加上儿子盼盼，家庭可谓幸福美满。可是在婚后的第5年，丈夫因工作关系结识了一位漂亮而精明的女性，双方很快便无法自制，频频约会。在一切都已发生之后，他加倍补偿着自己作为丈夫和父亲的责任。

他给儿子买很多玩具，尽量抽时间陪妻子聊天，但又常常魂不守舍，禁不住想另一个"她"。为此他经常作噩梦，有一天夜里，他梦见她了，他掉进一个深渊之中，呼喊着她的名字，猛地惊醒之后，发现自己已大汗淋漓，妻子正瞪大眼睛看着他。

"我说什么了吗？"他慌乱地问妻子。

"没有。"妻子说。

"我真的什么也没说吗？"

"没有。"妻子说，"快睡吧！"

不久后的一天,他与那个她去看一个画展,出来后她挎着他的胳膊,很亲昵地向前走着。但就在这时,后面一个稚气的声音传来:"爸爸!"

他转身看见了4岁的儿子盼盼。但她依然挽着他,她是那种敢作敢为的人。他挣开她去看儿子。

"爸爸,妈妈还一个人在家呢,今天她没上班。"儿子说着扑进他怀里。

他撇开她,带着儿子回家了。他不知道儿子怎么会跑到这条离家较远的街道上来。

他仍然同那个她来往着,而裂痕却在彼此间产生了。她又与某商界男士火热起来。他仿佛一下子跌入了一个很深的梦中,借酒浇愁,有一天竟喝得酩酊大醉,不省人事。醒来后,发现自己正躺在床上,妻子坐在床边,轻轻拭着眼泪。见他醒了,妻子强作欢颜地说:"你终于醒过来了,你已躺了一天一夜了。"他不知说什么好,只是呆呆地望着妻子。

妻子说:"其实你的事,我早知道。"

"什么事?"他问。

"你和她的事呗!"妻子很平静地说,"那次你在梦中呼喊她的名字,我听见了。这几个月你对我和儿子比过去好,但老爱一个人发呆,经常走神,也没了以前的幽默,我就知道有事了,没想到果然事就出来了。但我不想和你大吵大闹,我是你妻子,你的性情我知道,你最终会回来的。"

他呜咽起来,不住地说:"我对不起你!"

妻子说:"我知道你也爱她,她一定很不错,你不会喜欢一个平庸的女人。但外面的女人靠不住,她能跟你,就不能跟其他人吗?你无钱无权,穷诗人一个,凭什么吸引人家?现在,我相信你们已经结束了。我不想找你闹,或许男人有这么一次才有免疫力。不过我要对你说,这样的机会我只能给你一次。"张先生还能说什么呢?他热泪盈眶,一把抓过妻子的手说:"再也不会有下一次了,请你相信我。"说着,便双膝落地,跪了下去。

"快站起来吧,你这样子,哪像个男人。"妻子说着把泪流满面的他拉起来。他笑了,妻子也笑了,两人禁不住紧紧地拥抱在一起。

这个故事留给我们的启示却是深刻的。爱情若节外生枝,管也没用。不难发现,这里所说的不管丈夫,并不是真的"不管",而是管治要讲策略,用一颗宽容的爱心将自己的丈夫拴住。这样的女人才是真正聪明的女人。

当然,妻子能不能管住丈夫,仅仅是问题的一个方面。更重要的是提倡夫妇之间的相互理解和沟通,并不断培育彼此的信任和忠诚,从而在相互尊重、人格平等的基础上,真正将对方的心留住,实现婚姻的幸福美满。

9. 让爱在有氧的空气里呼吸

不要以为走进了婚姻就是走进了坟墓,夫妻双方都有自己的生活圈子,自己的爱好,给彼此一些空间,偶尔出去放放风也未尝不可。这样不至于两个人天天拴在一起,熟悉到产生陌生感,无话可说。距离产生美,婚姻生活也需要距离来为它保鲜。

手上的沙子握得越紧,它流失得越快,夫妻之间也是一样,要让彼此有一个自由的空间,那会使你的婚姻生活更加的完美。

很多婚姻出现问题,并不是因为第三者等外部因素,而是夫妻双方自身的问题。不少女人对丈夫一向奉行"高压和管理政策",一方面她们不甘心平淡,希望丈夫成为人上人,于是想方设法、旁敲侧击地施压,给予男人很大压力。事实上,这种做法的女人是最笨的女人。

李明太爱自己的丈夫了,并且望夫成龙,同时还想牢牢地抓住丈夫。她为了支持丈夫的事业,放弃了自己的工作,使自己失去事业依托,而丈夫事业有成后,她更是将人生所有的重心和希望都寄托于婚姻。然而因为过分地干涉丈夫的事情,她越想抓牢婚姻就越是抓不牢,以致情感上的失败。

看看这位聪明女人是怎么做的。

某一天的早晨,耿先生在临出门之前,突然说,今天和朋友出游。以往去哪里,耿太太不多过问,他也会随口告诉她。可这一次,耿先生招呼不打一声就宣布出门。她有些生气。出游这件事,一定是事先约的,至少前一天就约好了,他为什么不说一声?他还有多少事瞒她?耿太太心里不悦,拦着让耿先生说清楚。耿先生心里着急,嚷嚷了道:"我的吃喝拉撒睡,是不是都得给你汇报?"然后摔门而去。

耿太太开始赌气,在接下来的好几天里,不管晚回家、和朋友吃饭,还是去娘家,一概不知会耿先生,也闭口不问他的一切事情。耿先生终于忍不住了,跟女人说:"我现在才知道,你丝毫不在意我。是吗?"

"你不是说吃喝拉撒睡都不用向我汇报吗?"耿太太狡猾一笑。耿先生一愣,也笑了起来。此后,耿先生有事外出都会先说一声,让太太放心。

其实,婚姻中的男女是独立的个体,应拥有自由的私人空间、拥有自己的朋友、自己的爱好、自己的事业。都不想因过分依附于对方而失去自我。在感性的爱情里也不要忘记留存一点理性的生活空间,不要试图去主宰什么,因为这世上没有任何一个人愿意成为他人的傀儡。有一个小故事很好地说明了这

个道理：

一个女孩问她的母亲："在婚姻里，我应该怎样把握爱情呢？"母亲没说什么，只是找来一把沙，递到女儿面前，女儿看见那捧沙在母亲的手里，没有一点流失，接着母亲开始用力将双手握紧，沙子纷纷从她指缝间泻落，握得越紧，落得越多，待母亲再把手张开，沙子已所剩无几。女孩看到这里，终于领悟地点点头。

婚姻的道理与此相似，要想让婚姻长久、美满、幸福，那就不要每天"盯着""看着""防着""握着"，千万别把婚姻"抓"得太紧！夫妻间有所保留，这不能视之为对爱情的不忠，这是一种夫妻相处的艺术。夫妻就像两只相互依靠彼此取暖的刺猬，远了，温暖不到对方；近了，会被对方身上的刺扎到。一次次冲突之后，慢慢调整距离。

就像我们和朋友一起吃饭一样，大家点菜总是以少为原则，宁可少一点，但是感觉舒服，胃有空间心灵才有空间。同样，对待感情，夫妻之间的要求也是半饱为好，彼此都有空间才不会那样局促无奈。不过，空间的距离很好测量，心理的距离，却难。爱情的安全线，恰恰是看不见而不摸不着的心理距离。有些时候，真的就是这样，夫妻双方因为爱而彼此走近，近得不分你我。于是走进婚姻，长相厮守。此后，彼此的距离慢慢地，在不知不觉中一点点拉开，亲密有间。因此，若想夫妻之间的感情更长久，让夫妻之间的感情永远保鲜，就要学会给彼此适度的空间，让爱在有氧的空气里得到喘息。